공부 습관과 집중력을 길러 주는
단계별 계산력 향상 프로그램

비타민
계산법

소담 주니어

공부 습관과 집중력을 길러 주는
단계별 계산력 향상 프로그램

비타민 *
계산법

2009년 1월 2일 초판 1쇄 펴냄

펴낸곳 | ㈜ 꿈소담이
펴낸이 | 김숙희
지은이 | 영재들의 창의학교

주소 | 136-023 서울특별시 성북구 성북동 1가 115-24 4층
전화 | 762-8566
팩스 | 762-8567
등록번호 | 제6-473호(2002년 9월 3일)

홈페이지 | www.dreamsodam.co.kr
전자우편 | isodam@dreamsodam.co.kr

● 책값은 뒤표지에 있습니다.

COVER DESIGN THANKYOUMOTHER

비타민 계산법만의
특별한 비밀

✳ 공부의 기초가 튼튼해져요

계산은 수학의 세계로 들어가는 관문입니다. 기초 계산 능력을 향상시킴으로써 숫자에 대한 감각을 익히고, 수학 공부의 기초를 튼튼히 할 수 있습니다. 그리고 수학은 논리적이고 합리적인 사고력과 문제 해결력을 길러 주는 학문이어서, 모든 학문에 기초 지식을 제공합니다. 수학 기초가 튼튼한 아이는 모든 공부를 쉽게 할 수 있습니다.

✳ 숫자에 대한 감각을 익히고 두뇌를 발달시켜요

계산은 아이의 뇌를 자극하여 두뇌를 발달시킵니다. 그리고 반복적으로 충분히 연습하다 보면 아이 스스로 숫자에 대한 감각을 익히고 계산의 논리를 깨우치게 됩니다. 공부는 누구나 익힐 수 있는 기술입니다. 공부를 잘하는 아이는 머리가 좋아서가 아니라 공부하는 기술을 터득한 것입니다.

✳ 집중력이 향상되어 공부 습관이 길러져요

시간을 재면서 문제를 풀다 보면 아이가 긴장하여 집중력이 생기고 학습 의욕이 생깁니다. 학습 의욕은 공부 습관으로 이어져 매일 조금씩 공부를 하다 보면 올바른 학습 습관을 형성하게 되고, 다른 공부까지 잘할 수 있는 학습 전이 현상을 경험할 수 있습니다.

✳ 성취감을 느껴 공부가 재미있어요

하루하루 늘어 가는 실력에 아이 스스로 놀라게 되고, 성취감을 맛본 아이는 공부에 재미를 느끼게 됩니다. 많은 문제를 경험하면서 자신감이 생긴 아이는 학습 의욕이 생겨, 공부하라고 다그치지 않아도 스스로 공부하는 아이가 됩니다.

✳ 단계별 학습으로 실력이 느는 게 보여요

『비타민 계산법』은 유아수학을 1~20단계, 초등수학을 21~120단계로 구성, 단계별로 완성도 있는 학습이 되도록 체계적으로 구성되어 있습니다. 단계에 따라 구체적인 학습 목표가 제시되어 있으며, 각 단계마다 10회의 반복 학습으로 충분히 연습할 수 있습니다. 기초-실력-완성편으로 구성된 학습을 하다 보면 점진적으로 실력을 향상시킬 수 있습니다.

비타민 계산법  활용법–
이렇게 지도해 주세요

1 능력에 맞는 단계에서 시작해 주세요

『비타민 계산법』은 실력에 따라 단계별로 구성된 교재입니다. 학년이나 나이와 상관없이 아이가 쉽게 느끼며 풀 수 있는 단계에서 시작해야 합니다. 그래야 아이가 공부에 대해 성취감과 자신감을 갖게 됩니다.

2 규칙적으로 꾸준히 공부할 수 있도록 해 주세요

단 10분이라도 매일 꾸준히 정해진 분량을 풀 수 있도록 지도해 주세요. 규칙적으로, 하루도 빠짐없이 공부하는 것이 중요합니다. 그래야 올바른 공부 습관을 몸에 익힐 수 있습니다.

3 계산 원리를 이해한 후 문제를 풀 수 있도록 해 주세요

기초적인 원리를 터득해야 논리적이고 합리적인 사고력을 기를 수 있습니다. 기초 원리를 이해하지 못한 채 기계적으로 문제를 풀다 보면, 응용된 문제를 만났을 경우 아이가 무척 어려워합니다. 계산이 느리고 집중력이 떨어지는 아이도 원리를 이해하면 학습에 흥미를 느끼게 됩니다.

4 완전 학습이 되도록 해 주세요

아이가 완전히 이해한 후 다음 단계로 넘어가 주세요. 능력에 맞는 학습 분량과 학습 시간을 체크해 가면서 학습 목표를 100% 달성하는 것이 중요합니다. 정답 확인을 하면서 내 아이에게 부족한 것이 무엇인지 꼼꼼히 체크해 보고, 주어진 학습 목표를 완전히 이해했는지 확인한 후 차근차근 다음 단계로 넘어가 주세요.

5 정해진 시간에 정해진 분량을 풀 수 있도록 지도해 주세요

시간을 재가면서 문제를 풀어야 정확성과 함께 속도 훈련을 할 수 있습니다. 문제를 빨리 풀면서 또한 정확하게 풀 수 있도록 반복적으로 학습시켜 주세요.

6 풀이 과정을 정확하게 적도록 해 주세요

계산 원리를 제대로 이해했는지 알 수 있도록 해 주는 것이 풀이 과정입니다. 어디를 모르는지, 어디서 잘못 풀었는지 알기 위해서는 풀이 과정을 지우지 말고 그대로 두어야 합니다. 아이가 틀리는 문제의 풀이 과정을 꼼꼼하게 살핀 후 부족한 부분을 지도해 주세요.

7 아이에게 칭찬과 격려를 해 주세요

아이가 조금 부족하더라도 칭찬과 격려를 해 주세요. 자신감이 생겨야 공부에 재미를 느끼게 되고, 성취감을 느끼게 됩니다.

비타민 계산법 시리즈
전 12권의 차례

비타민A 계산법
유아수학 계산법

비타민B 계산법
초등수학 계산법

비타민 계산법 시리즈 전 12권의 차례

비타민D 계산법
초등수학 계산법

비타민 계산법 시리즈 전 12권의 차례

비타민D 계산법
초등수학 계산법

비타민E 계산법
초등수학 계산법

111단계

■ 학습 일정 관리표

	공부한 날	정답수	오답수	소요시간	표준완성시간
111-01호				분 초	
111-02호				분 초	
111-03호				분 초	
111-04호				분 초	1,2학년 : 정답 중심
111-05호				분 초	
111-06호				분 초	3,4학년 : 5분이내
111-07호				분 초	
111-08호				분 초	5,6학년 : 4분이내
111-09호				분 초	
111-10호				분 초	

⊙ 진분수 × 자연수

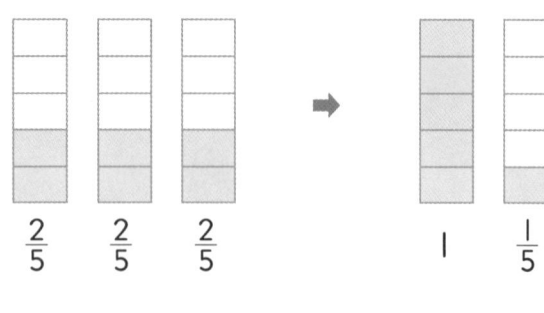

$$\frac{2}{5} \times 3 = \frac{2}{5} + \frac{2}{5} + \frac{2}{5}$$
$$= \frac{2+2+2}{5}$$
$$= \frac{6}{5}$$
$$= 1\frac{1}{5}$$

$$\frac{분자}{분모} \times 자연수 = \frac{분자 \times 자연수}{분모}$$

⊙ 진분수 × 진분수

진분수 × 진분수의 계산을 그림으로 알아봅시다.

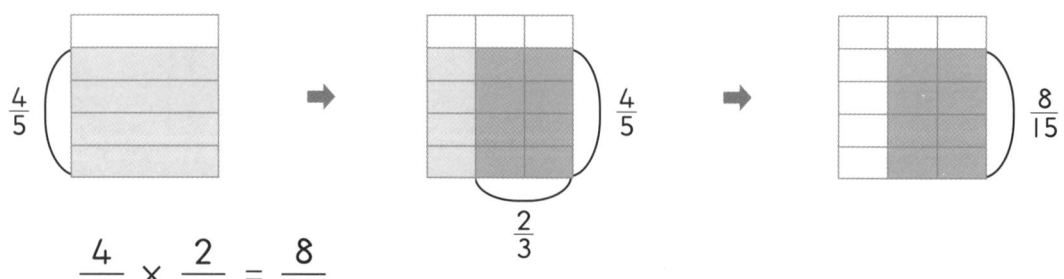

$$\frac{4}{5} \times \frac{2}{3} = \frac{8}{15}$$

진분수 끼리의 곱셈은 $\dfrac{분자는 \; 분자끼리}{분모는 \; 분모끼리}$ 곱하여 계산한다.

지도내용　분수끼리 곱셈을 하기 전에 약분할 것이 있으면 먼저 약분을 한 후에 곱셈을 하도록
지도해 주세요.

분수의 곱셈 (1)

■ 다음 곱셈을 하시오.

① $\dfrac{1}{2} \times 4 =$

② $\dfrac{1}{3} \times 9 =$

③ $\dfrac{3}{4} \times \dfrac{12}{27} =$

④ $\dfrac{5}{6} \times \dfrac{18}{25} =$

⑤ $\dfrac{6}{7} \times \dfrac{35}{36} =$

⑥ $\dfrac{7}{8} \times \dfrac{48}{49} =$

⑦ $\dfrac{9}{10} \times \dfrac{70}{72} =$

⑧ $\dfrac{12}{13} \times \dfrac{35}{36} =$

⑨ $\dfrac{14}{15} \times \dfrac{30}{42} =$

⑩ $\dfrac{17}{18} \times \dfrac{67}{68} =$

⑪ $\dfrac{22}{23} \times \dfrac{43}{44} =$

⑫ $\dfrac{24}{25} \times \dfrac{45}{48} =$

⑬ $\dfrac{3}{4} \times \dfrac{2}{3} =$

⑭ $\dfrac{2}{5} \times 10 =$

⑮ $\dfrac{7}{9} \times \dfrac{3}{5} =$

⑯ $\dfrac{5}{6} \times \dfrac{14}{15} =$

⑰ $\dfrac{8}{12} \times \dfrac{22}{24} =$

⑱ $\dfrac{11}{14} \times \dfrac{42}{44} =$

⑲ $\dfrac{14}{15} \times \dfrac{55}{56} =$

⑳ $\dfrac{15}{16} \times \dfrac{28}{30} =$

㉑ $\dfrac{20}{21} \times \dfrac{56}{60} =$

㉒ $\dfrac{17}{24} \times \dfrac{50}{51} =$

㉓ $\dfrac{19}{25} \times \dfrac{55}{57} =$

㉔ $\dfrac{25}{26} \times \dfrac{48}{50} =$

분수의 곱셈 (1)

■ 다음 곱셈을 하시오.

① $\dfrac{1}{3} \times 12 =$

② $\dfrac{2}{4} \times 8 =$

③ $\dfrac{3}{7} \times \dfrac{7}{9} =$

④ $\dfrac{4}{5} \times \dfrac{25}{28} =$

⑤ $\dfrac{8}{9} \times \dfrac{54}{56} =$

⑥ $\dfrac{10}{13} \times \dfrac{39}{40} =$

⑦ $\dfrac{12}{15} \times \dfrac{35}{36} =$

⑧ $\dfrac{15}{16} \times \dfrac{42}{45} =$

⑨ $\dfrac{18}{19} \times \dfrac{38}{54} =$

⑩ $\dfrac{21}{23} \times \dfrac{62}{63} =$

⑪ $\dfrac{17}{25} \times \dfrac{30}{34} =$

⑫ $\dfrac{21}{26} \times \dfrac{62}{63} =$

⑬ $\dfrac{3}{4} \times 12 =$

⑭ $\dfrac{2}{7} \times 14 =$

⑮ $\dfrac{5}{8} \times \dfrac{4}{15} =$

⑯ $\dfrac{6}{9} \times \dfrac{21}{24} =$

⑰ $\dfrac{7}{10} \times \dfrac{20}{21} =$

⑱ $\dfrac{11}{12} \times \dfrac{32}{33} =$

⑲ $\dfrac{12}{14} \times \dfrac{42}{48} =$

⑳ $\dfrac{15}{16} \times \dfrac{44}{45} =$

㉑ $\dfrac{16}{19} \times \dfrac{47}{48} =$

㉒ $\dfrac{18}{20} \times \dfrac{50}{54} =$

㉓ $\dfrac{22}{23} \times \dfrac{65}{66} =$

㉔ $\dfrac{26}{27} \times \dfrac{51}{52} =$

분수의 곱셈 (1)

■ 다음 곱셈을 하시오.

① $\dfrac{2}{3} \times 6 =$

② $\dfrac{4}{5} \times 10 =$

③ $\dfrac{5}{6} \times \dfrac{3}{10} =$

④ $\dfrac{3}{8} \times \dfrac{14}{15} =$

⑤ $\dfrac{10}{11} \times \dfrac{27}{30} =$

⑥ $\dfrac{13}{14} \times \dfrac{25}{26} =$

⑦ $\dfrac{12}{16} \times \dfrac{34}{36} =$

⑧ $\dfrac{17}{19} \times \dfrac{50}{51} =$

⑨ $\dfrac{18}{20} \times \dfrac{35}{36} =$

⑩ $\dfrac{21}{23} \times \dfrac{41}{42} =$

⑪ $\dfrac{25}{26} \times \dfrac{45}{50} =$

⑫ $\dfrac{23}{27} \times \dfrac{45}{46} =$

⑬ $\dfrac{3}{4} \times 16 =$

⑭ $\dfrac{5}{6} \times 18 =$

⑮ $\dfrac{5}{7} \times \dfrac{24}{25} =$

⑯ $\dfrac{6}{9} \times \dfrac{48}{54} =$

⑰ $\dfrac{12}{13} \times \dfrac{69}{72} =$

⑱ $\dfrac{14}{15} \times \dfrac{65}{70} =$

⑲ $\dfrac{15}{17} \times \dfrac{74}{75} =$

⑳ $\dfrac{20}{21} \times \dfrac{63}{80} =$

㉑ $\dfrac{22}{23} \times \dfrac{62}{66} =$

㉒ $\dfrac{24}{25} \times \dfrac{50}{96} =$

㉓ $\dfrac{25}{26} \times \dfrac{74}{75} =$

㉔ $\dfrac{27}{28} \times \dfrac{80}{81} =$

분수의 곱셈 (1)

■ 다음 곱셈을 하시오.

① $\dfrac{1}{2} \times 10 =$

② $\dfrac{4}{5} \times \dfrac{10}{12} =$

③ $\dfrac{6}{7} \times \dfrac{21}{24} =$

④ $\dfrac{5}{8} \times \dfrac{38}{40} =$

⑤ $\dfrac{7}{10} \times \dfrac{48}{49} =$

⑥ $\dfrac{11}{14} \times \dfrac{54}{55} =$

⑦ $\dfrac{13}{16} \times \dfrac{38}{39} =$

⑧ $\dfrac{12}{17} \times \dfrac{47}{48} =$

⑨ $\dfrac{18}{22} \times \dfrac{70}{72} =$

⑩ $\dfrac{23}{24} \times \dfrac{68}{69} =$

⑪ $\dfrac{25}{26} \times \dfrac{74}{75} =$

⑫ $\dfrac{26}{28} \times \dfrac{76}{78} =$

⑬ $\dfrac{1}{5} \times 15 =$

⑭ $\dfrac{4}{6} \times \dfrac{10}{12} =$

⑮ $\dfrac{5}{8} \times \dfrac{14}{15} =$

⑯ $\dfrac{9}{10} \times \dfrac{35}{36} =$

⑰ $\dfrac{10}{11} \times \dfrac{49}{50} =$

⑱ $\dfrac{7}{13} \times \dfrac{54}{56} =$

⑲ $\dfrac{8}{15} \times \dfrac{60}{64} =$

⑳ $\dfrac{16}{18} \times \dfrac{47}{48} =$

㉑ $\dfrac{20}{21} \times \dfrac{58}{60} =$

㉒ $\dfrac{21}{26} \times \dfrac{60}{63} =$

㉓ $\dfrac{25}{27} \times \dfrac{49}{50} =$

㉔ $\dfrac{23}{29} \times \dfrac{58}{69} =$

분수의 곱셈 (1)

■ 다음 곱셈을 하시오.

① $\dfrac{1}{3} \times 9 =$

② $\dfrac{2}{5} \times \dfrac{2}{6} =$

③ $\dfrac{5}{6} \times \dfrac{9}{10} =$

④ $\dfrac{3}{8} \times \dfrac{7}{9} =$

⑤ $\dfrac{10}{12} \times \dfrac{18}{20} =$

⑥ $\dfrac{13}{14} \times \dfrac{25}{26} =$

⑦ $\dfrac{14}{15} \times \dfrac{25}{28} =$

⑧ $\dfrac{12}{18} \times \dfrac{34}{36} =$

⑨ $\dfrac{17}{21} \times \dfrac{84}{85} =$

⑩ $\dfrac{21}{25} \times \dfrac{80}{84} =$

⑪ $\dfrac{25}{26} \times \dfrac{74}{75} =$

⑫ $\dfrac{27}{28} \times \dfrac{80}{81} =$

⑬ $\dfrac{1}{2} \times 14 =$

⑭ $\dfrac{3}{4} \times \dfrac{8}{12} =$

⑮ $\dfrac{3}{5} \times \dfrac{7}{15} =$

⑯ $\dfrac{8}{9} \times \dfrac{30}{32} =$

⑰ $\dfrac{11}{13} \times \dfrac{39}{44} =$

⑱ $\dfrac{15}{16} \times \dfrac{44}{45} =$

⑲ $\dfrac{14}{18} \times \dfrac{54}{56} =$

⑳ $\dfrac{21}{22} \times \dfrac{62}{63} =$

㉑ $\dfrac{23}{24} \times \dfrac{42}{46} =$

㉒ $\dfrac{15}{25} \times \dfrac{40}{60} =$

㉓ $\dfrac{18}{26} \times \dfrac{70}{72} =$

㉔ $\dfrac{23}{28} \times \dfrac{68}{69} =$

분수의 곱셈 (1)

■ 다음 곱셈을 하시오.

① $\dfrac{1}{5} \times 45 =$

② $\dfrac{5}{6} \times \dfrac{2}{5} =$

③ $\dfrac{4}{7} \times \dfrac{3}{8} =$

④ $\dfrac{3}{8} \times \dfrac{14}{15} =$

⑤ $\dfrac{7}{9} \times \dfrac{20}{21} =$

⑥ $\dfrac{11}{12} \times \dfrac{24}{33} =$

⑦ $\dfrac{13}{14} \times \dfrac{38}{39} =$

⑧ $\dfrac{12}{15} \times \dfrac{30}{48} =$

⑨ $\dfrac{13}{16} \times \dfrac{32}{33} =$

⑩ $\dfrac{18}{21} \times \dfrac{42}{45} =$

⑪ $\dfrac{20}{23} \times \dfrac{55}{60} =$

⑫ $\dfrac{25}{26} \times \dfrac{52}{55} =$

⑬ $\dfrac{1}{4} \times 32 =$

⑭ $\dfrac{2}{6} \times \dfrac{3}{4} =$

⑮ $\dfrac{5}{8} \times \dfrac{9}{10} =$

⑯ $\dfrac{5}{9} \times \dfrac{18}{20} =$

⑰ $\dfrac{9}{10} \times \dfrac{35}{36} =$

⑱ $\dfrac{10}{11} \times \dfrac{44}{50} =$

⑲ $\dfrac{13}{14} \times \dfrac{25}{26} =$

⑳ $\dfrac{17}{18} \times \dfrac{50}{51} =$

㉑ $\dfrac{20}{21} \times \dfrac{59}{60} =$

㉒ $\dfrac{18}{24} \times \dfrac{70}{72} =$

㉓ $\dfrac{19}{26} \times \dfrac{74}{76} =$

㉔ $\dfrac{25}{28} \times \dfrac{49}{50} =$

분수의 곱셈 (1)

■ 다음 곱셈을 하시오.

① $\dfrac{2}{3} \times 9 =$

② $\dfrac{4}{5} \times \dfrac{10}{12} =$

③ $\dfrac{5}{6} \times \dfrac{19}{20} =$

④ $\dfrac{7}{9} \times \dfrac{13}{14} =$

⑤ $\dfrac{8}{10} \times \dfrac{20}{24} =$

⑥ $\dfrac{10}{13} \times \dfrac{26}{30} =$

⑦ $\dfrac{12}{15} \times \dfrac{35}{36} =$

⑧ $\dfrac{13}{17} \times \dfrac{38}{39} =$

⑨ $\dfrac{18}{21} \times \dfrac{34}{36} =$

⑩ $\dfrac{20}{24} \times \dfrac{48}{50} =$

⑪ $\dfrac{26}{27} \times \dfrac{51}{52} =$

⑫ $\dfrac{23}{28} \times \dfrac{45}{46} =$

⑬ $\dfrac{1}{4} \times 12 =$

⑭ $\dfrac{2}{5} \times \dfrac{3}{4} =$

⑮ $\dfrac{5}{7} \times \dfrac{9}{10} =$

⑯ $\dfrac{7}{8} \times \dfrac{20}{21} =$

⑰ $\dfrac{11}{13} \times \dfrac{21}{22} =$

⑱ $\dfrac{13}{14} \times \dfrac{25}{26} =$

⑲ $\dfrac{15}{16} \times \dfrac{29}{30} =$

⑳ $\dfrac{19}{20} \times \dfrac{35}{38} =$

㉑ $\dfrac{21}{22} \times \dfrac{40}{42} =$

㉒ $\dfrac{22}{24} \times \dfrac{42}{44} =$

㉓ $\dfrac{24}{26} \times \dfrac{71}{72} =$

㉔ $\dfrac{27}{28} \times \dfrac{84}{93}$

분수의 곱셈 (1)

■ 다음 곱셈을 하시오.

① $\dfrac{1}{4} \times 20 =$

② $\dfrac{4}{5} \times \dfrac{25}{30} =$

③ $\dfrac{5}{6} \times \dfrac{18}{20} =$

④ $\dfrac{7}{8} \times \dfrac{13}{14} =$

⑤ $\dfrac{9}{10} \times \dfrac{26}{27} =$

⑥ $\dfrac{11}{13} \times \dfrac{26}{27} =$

⑦ $\dfrac{13}{14} \times \dfrac{28}{30} =$

⑧ $\dfrac{15}{16} \times \dfrac{29}{30} =$

⑨ $\dfrac{18}{19} \times \dfrac{38}{40} =$

⑩ $\dfrac{20}{22} \times \dfrac{44}{45} =$

⑪ $\dfrac{23}{24} \times \dfrac{45}{46} =$

⑫ $\dfrac{26}{27} \times \dfrac{50}{52} =$

⑬ $\dfrac{1}{3} \times 45 =$

⑭ $\dfrac{5}{6} \times \dfrac{8}{10} =$

⑮ $\dfrac{4}{7} \times \dfrac{3}{8} =$

⑯ $\dfrac{7}{8} \times \dfrac{16}{18} =$

⑰ $\dfrac{8}{9} \times \dfrac{18}{20} =$

⑱ $\dfrac{10}{12} \times \dfrac{28}{30} =$

⑲ $\dfrac{11}{14} \times \dfrac{32}{33} =$

⑳ $\dfrac{15}{18} \times \dfrac{42}{45} =$

㉑ $\dfrac{19}{21} \times \dfrac{42}{45} =$

㉒ $\dfrac{20}{23} \times \dfrac{46}{50} =$

㉓ $\dfrac{23}{25} \times \dfrac{50}{62} =$

㉔ $\dfrac{27}{28} \times \dfrac{80}{81} =$

분수의 곱셈 (1)

■ 다음 곱셈을 하시오.

① $\dfrac{1}{2} \times 28 =$

② $\dfrac{3}{4} \times \dfrac{8}{9} =$

③ $\dfrac{5}{6} \times \dfrac{9}{10} =$

④ $\dfrac{2}{7} \times \dfrac{13}{14} =$

⑤ $\dfrac{3}{8} \times \dfrac{16}{17} =$

⑥ $\dfrac{7}{9} \times \dfrac{18}{21} =$

⑦ $\dfrac{8}{10} \times \dfrac{20}{24} =$

⑧ $\dfrac{11}{12} \times \dfrac{32}{33} =$

⑨ $\dfrac{13}{14} \times \dfrac{38}{39} =$

⑩ $\dfrac{15}{16} \times \dfrac{48}{50} =$

⑪ $\dfrac{19}{22} \times \dfrac{44}{48} =$

⑫ $\dfrac{23}{25} \times \dfrac{50}{52} =$

⑬ $\dfrac{1}{3} \times 48 =$

⑭ $\dfrac{2}{5} \times \dfrac{9}{10} =$

⑮ $\dfrac{5}{8} \times \dfrac{14}{15} =$

⑯ $\dfrac{8}{9} \times \dfrac{15}{16} =$

⑰ $\dfrac{9}{10} \times \dfrac{17}{18} =$

⑱ $\dfrac{12}{13} \times \dfrac{23}{24} =$

⑲ $\dfrac{14}{15} \times \dfrac{25}{28} =$

⑳ $\dfrac{15}{16} \times \dfrac{29}{30} =$

㉑ $\dfrac{18}{20} \times \dfrac{30}{31} =$

㉒ $\dfrac{23}{24} \times \dfrac{45}{46} =$

㉓ $\dfrac{25}{26} \times \dfrac{49}{50} =$

㉔ $\dfrac{27}{28} \times \dfrac{53}{54} =$

분수의 곱셈 (1)

분　　　초
/24

■ 다음 곱셈을 하시오.

① $\dfrac{1}{3} \times 15 =$

② $\dfrac{2}{5} \times 40 =$

③ $\dfrac{5}{6} \times \dfrac{12}{13} =$

④ $\dfrac{7}{8} \times \dfrac{16}{17} =$

⑤ $\dfrac{6}{9} \times \dfrac{17}{18} =$

⑥ $\dfrac{9}{10} \times \dfrac{20}{21} =$

⑦ $\dfrac{8}{11} \times \dfrac{22}{24} =$

⑧ $\dfrac{14}{15} \times \dfrac{27}{28} =$

⑨ $\dfrac{17}{18} \times \dfrac{32}{34} =$

⑩ $\dfrac{20}{22} \times \dfrac{39}{40} =$

⑪ $\dfrac{23}{24} \times \dfrac{45}{46} =$

⑫ $\dfrac{26}{27} \times \dfrac{51}{52} =$

⑬ $\dfrac{1}{4} \times 20 =$

⑭ $\dfrac{5}{6} \times 36 =$

⑮ $\dfrac{5}{7} \times \dfrac{14}{15} =$

⑯ $\dfrac{8}{9} \times \dfrac{15}{16} =$

⑰ $\dfrac{7}{10} \times \dfrac{20}{21} =$

⑱ $\dfrac{11}{12} \times \dfrac{21}{22} =$

⑲ $\dfrac{12}{14} \times \dfrac{23}{24} =$

⑳ $\dfrac{18}{19} \times \dfrac{35}{36} =$

㉑ $\dfrac{20}{21} \times \dfrac{39}{40} =$

㉒ $\dfrac{24}{25} \times \dfrac{47}{48} =$

㉓ $\dfrac{25}{26} \times \dfrac{49}{50} =$

㉔ $\dfrac{26}{27} \times \dfrac{51}{52} =$

112단계

■ 학습 일정 관리표

	공부한 날	정답수	오답수	소요시간	표준완성시간
112-01호				분 초	
112-02호				분 초	
112-03호				분 초	
112-04호				분 초	1,2학년 : 정답 중심
112-05호				분 초	
112-06호				분 초	3,4학년 : 5분이내
112-07호				분 초	
112-08호				분 초	5,6학년 : 4분이내
112-09호				분 초	
112-10호				분 초	

대분수와 자연수, 대분수와 진분수, 대분수와 대분수의 곱셈에서 대분수는 그대로는 곱셈을 할 수 없습니다. 가분수로 고친 후에 곱셈하는 것에 주의하면 쉽게 계산할 수 있습니다.

⊙ **대분수와 자연수의 곱셈** − 대분수를 가분수로 고쳐서 계산한다.

$$1\frac{2}{5} \times 4 = \frac{7}{5} \times 4 = \frac{28}{5} = 5\frac{3}{5}$$

⊙ **대분수와 진분수의 곱셈**− 가분수로 고쳐 약분을 먼저한다.

$$1\frac{3}{8} \times \frac{4}{5} = \frac{11}{\overset{}{\underset{2}{8}}} \times \frac{\overset{1}{4}}{5} = \frac{11}{10} = 1\frac{1}{10}$$

⊙ **대분수와 대분수의 곱셈**− 곱하기 전에 약분하여 계산하면 편리하다.

$$1\frac{3}{4} \times 2\frac{2}{3} = \frac{7}{\underset{1}{4}} \times \frac{\overset{2}{8}}{3} = \frac{14}{3} = 4\frac{2}{3}$$

> 이렇게 대분수를 가분수로 바꾸면 그 다음부터의 계산은 진분수의 곱셈방법과 같습니다. 단, 값이 가분수로 나왔을 경우에는 대분수로 바꾸어 답을 적도록 합니다.

지도내용 대분수의 곱셈에서는 반드시 대분수를 가분수로 바꾸어 약분을 하고, 계산을 하도록 주의하여 지도해 주세요. 그리고 값이 가분수로 나왔을 경우, 다시 대분수로 바꾸어 답을 적도록 지도해 주세요.

분수의 곱셈 (2)

■ 다음 곱셈을 하시오.

① $1\dfrac{1}{2} \times 4 =$

② $1\dfrac{1}{3} \times 12 =$

③ $1\dfrac{2}{3} \times \dfrac{3}{4} =$

④ $1\dfrac{4}{5} \times \dfrac{10}{12} =$

⑤ $1\dfrac{7}{8} \times \dfrac{14}{15} =$

⑥ $1\dfrac{9}{10} \times \dfrac{18}{19} =$

⑦ $1\dfrac{11}{12} \times 1\dfrac{2}{23} =$

⑧ $1\dfrac{13}{14} \times 1\dfrac{26}{27} =$

⑨ $1\dfrac{14}{15} \times 1\dfrac{28}{29} =$

⑩ $1\dfrac{15}{17} \times 1\dfrac{1}{64} =$

⑪ $1\dfrac{1}{5} \times 15 =$

⑫ $1\dfrac{1}{7} \times 21 =$

⑬ $1\dfrac{1}{20} \times \dfrac{2}{7} =$

⑭ $1\dfrac{13}{15} \times \dfrac{3}{4} =$

⑮ $1\dfrac{1}{23} \times \dfrac{13}{24} =$

⑯ $1\dfrac{7}{18} \times \dfrac{4}{5} =$

⑰ $1\dfrac{1}{30} \times 1\dfrac{1}{29} =$

⑱ $1\dfrac{1}{31} \times 1\dfrac{1}{8} =$

⑲ $1\dfrac{1}{50} \times 1\dfrac{1}{3} =$

⑳ $1\dfrac{1}{53} \times 1\dfrac{1}{9} =$

분수의 곱셈 (2)

■ 다음 곱셈을 하시오.

① $1\dfrac{1}{4} \times 8 =$

② $1\dfrac{1}{8} \times 16 =$

③ $1\dfrac{4}{5} \times \dfrac{10}{18} =$

④ $1\dfrac{6}{7} \times \dfrac{12}{13} =$

⑤ $1\dfrac{7}{8} \times \dfrac{4}{5} =$

⑥ $1\dfrac{10}{11} \times \dfrac{25}{28} =$

⑦ $1\dfrac{9}{10} \times 1\dfrac{1}{38} =$

⑧ $1\dfrac{10}{12} \times 1\dfrac{1}{44} =$

⑨ $1\dfrac{1}{14} \times 1\dfrac{1}{30} =$

⑩ $1\dfrac{1}{15} \times 1\dfrac{1}{32} =$

⑪ $1\dfrac{1}{5} \times 10 =$

⑫ $1\dfrac{1}{8} \times 24 =$

⑬ $1\dfrac{1}{15} \times \dfrac{31}{32} =$

⑭ $1\dfrac{1}{20} \times \dfrac{40}{42} =$

⑮ $1\dfrac{1}{21} \times \dfrac{10}{11} =$

⑯ $1\dfrac{1}{23} \times \dfrac{7}{48} =$

⑰ $1\dfrac{1}{12} \times 1\dfrac{1}{39} =$

⑱ $1\dfrac{1}{50} \times 1\dfrac{1}{3} =$

⑲ $1\dfrac{1}{38} \times 2\dfrac{12}{13} =$

⑳ $1\dfrac{1}{29} \times 2\dfrac{9}{10} =$

■ 다음 곱셈을 하시오.

① $1 \dfrac{1}{7} \times 49 =$

② $2 \dfrac{1}{10} \times 20 =$

③ $1 \dfrac{4}{5} \times \dfrac{17}{18} =$

④ $1 \dfrac{1}{9} \times \dfrac{19}{20} =$

⑤ $1 \dfrac{1}{13} \times \dfrac{27}{28} =$

⑥ $1 \dfrac{1}{15} \times \dfrac{45}{48} =$

⑦ $1 \dfrac{1}{16} \times 1 \dfrac{1}{51} =$

⑧ $1 \dfrac{1}{20} \times 1 \dfrac{1}{42} =$

⑨ $1 \dfrac{1}{23} \times 1 \dfrac{1}{48} =$

⑩ $1 \dfrac{1}{41} \times 2 \dfrac{1}{21} =$

⑪ $1 \dfrac{1}{6} \times 36 =$

⑫ $2 \dfrac{1}{12} \times 24 =$

⑬ $1 \dfrac{9}{10} \times \dfrac{18}{19} =$

⑭ $1 \dfrac{6}{14} \times \dfrac{39}{40} =$

⑮ $1 \dfrac{1}{15} \times \dfrac{63}{64} =$

⑯ $1 \dfrac{5}{31} \times 1 \dfrac{5}{6} =$

⑰ $1 \dfrac{2}{23} \times 1 \dfrac{4}{5} =$

⑱ $1 \dfrac{1}{26} \times 2 \dfrac{8}{9} =$

⑲ $2 \dfrac{1}{13} \times 2 \dfrac{2}{3} =$

⑳ $1 \dfrac{1}{47} \times \dfrac{1}{8} =$

분수의 곱셈 (2)

■ 다음 곱셈을 하시오.

① $2\dfrac{1}{14} \times 28 =$

② $1\dfrac{7}{8} \times 16 =$

③ $1\dfrac{1}{4} \times \dfrac{19}{20} =$

④ $1\dfrac{5}{6} \times \dfrac{21}{22} =$

⑤ $1\dfrac{6}{7} \times \dfrac{38}{39} =$

⑥ $1\dfrac{10}{11} \times \dfrac{41}{42} =$

⑦ $1\dfrac{12}{13} \times 1\dfrac{4}{5} =$

⑧ $1\dfrac{10}{18} \times 1\dfrac{13}{14} =$

⑨ $1\dfrac{5}{16} \times 1\dfrac{6}{7} =$

⑩ $1\dfrac{3}{30} \times 1\dfrac{10}{11} =$

⑪ $1\dfrac{4}{7} \times 14 =$

⑫ $2\dfrac{1}{5} \times 15 =$

⑬ $1\dfrac{1}{13} \times \dfrac{27}{28} =$

⑭ $1\dfrac{1}{19} \times \dfrac{39}{40} =$

⑮ $1\dfrac{1}{21} \times \dfrac{43}{44} =$

⑯ $1\dfrac{1}{33} \times \dfrac{16}{17} =$

⑰ $1\dfrac{1}{25} \times 1\dfrac{10}{13} =$

⑱ $1\dfrac{1}{31} \times 1\dfrac{9}{8} =$

⑲ $1\dfrac{1}{51} \times 2\dfrac{1}{4} =$

⑳ $1\dfrac{1}{65} \times 1\dfrac{1}{33} =$

분수의 곱셈 (2)

■ 다음 곱셈을 하시오.

① $1\dfrac{1}{4} \times 20 =$

② $2\dfrac{1}{6} \times 18 =$

③ $1\dfrac{5}{7} \times \dfrac{11}{12} =$

④ $1\dfrac{8}{9} \times \dfrac{16}{17} =$

⑤ $1\dfrac{9}{10} \times \dfrac{37}{38} =$

⑥ $1\dfrac{1}{11} \times \dfrac{47}{48} =$

⑦ $1\dfrac{1}{13} \times 1\dfrac{41}{42} =$

⑧ $1\dfrac{1}{15} \times 1\dfrac{3}{32} =$

⑨ $1\dfrac{16}{17} \times 1\dfrac{10}{11} =$

⑩ $1\dfrac{19}{20} \times 2\dfrac{1}{13} =$

⑪ $1\dfrac{1}{5} \times 25 =$

⑫ $1\dfrac{1}{7} \times 49 =$

⑬ $1\dfrac{1}{8} \times \dfrac{17}{18} =$

⑭ $1\dfrac{1}{17} \times \dfrac{35}{36} =$

⑮ $1\dfrac{1}{21} \times \dfrac{43}{44} =$

⑯ $1\dfrac{1}{45} \times \dfrac{45}{46} =$

⑰ $1\dfrac{1}{50} \times 1\dfrac{15}{17} =$

⑱ $1\dfrac{1}{23} \times 2\dfrac{7}{8} =$

⑲ $1\dfrac{1}{22} \times 2\dfrac{3}{4} =$

⑳ $1\dfrac{1}{27} \times 1\dfrac{1}{4} =$

분수의 곱셈 (2)

■ 다음 곱셈을 하시오.

① $1\dfrac{4}{5} \times 25 =$

② $1\dfrac{8}{9} \times 36 =$

③ $1\dfrac{4}{5} \times \dfrac{17}{18} =$

④ $1\dfrac{7}{8} \times \dfrac{44}{45} =$

⑤ $1\dfrac{8}{9} \times \dfrac{50}{51} =$

⑥ $1\dfrac{10}{11} \times \dfrac{62}{63} =$

⑦ $1\dfrac{11}{12} \times 1\dfrac{22}{23} =$

⑧ $1\dfrac{14}{15} \times 1\dfrac{1}{29} =$

⑨ $1\dfrac{1}{30} \times 1\dfrac{30}{31} =$

⑩ $1\dfrac{1}{23} \times 2\dfrac{2}{3} =$

⑪ $1\dfrac{1}{4} \times 40 =$

⑫ $1\dfrac{2}{7} \times 42 =$

⑬ $1\dfrac{1}{15} \times \dfrac{7}{8} =$

⑭ $1\dfrac{21}{22} \times \dfrac{42}{43} =$

⑮ $1\dfrac{1}{23} \times \dfrac{47}{48} =$

⑯ $1\dfrac{1}{41} \times \dfrac{20}{21} =$

⑰ $\dfrac{8}{17} \times 1\dfrac{7}{8} =$

⑱ $1\dfrac{1}{23} \times 2\dfrac{5}{6} =$

⑲ $1\dfrac{1}{31} \times 2\dfrac{7}{8} =$

⑳ $1\dfrac{1}{43} \times 1\dfrac{10}{22} =$

분수의 곱셈 (2)

■ 다음 곱셈을 하시오.

① $1\dfrac{1}{12} \times 36 =$

② $1\dfrac{1}{14} \times 42 =$

③ $1\dfrac{3}{4} \times \dfrac{6}{7} =$

④ $1\dfrac{9}{10} \times \dfrac{18}{19} =$

⑤ $1\dfrac{8}{9} \times \dfrac{16}{17} =$

⑥ $1\dfrac{10}{11} \times \dfrac{62}{63} =$

⑦ $1\dfrac{9}{10} \times 1\dfrac{1}{76} =$

⑧ $1\dfrac{1}{22} \times 2\dfrac{3}{4} =$

⑨ $1\dfrac{15}{16} \times 1\dfrac{1}{31} =$

⑩ $1\dfrac{1}{49} \times 1\dfrac{3}{10} =$

⑪ $1\dfrac{1}{10} \times 30 =$

⑫ $1\dfrac{1}{15} \times 30 =$

⑬ $1\dfrac{7}{8} \times \dfrac{14}{15} =$

⑭ $1\dfrac{12}{13} \times \dfrac{1}{5} =$

⑮ $1\dfrac{1}{17} \times \dfrac{53}{54} =$

⑯ $1\dfrac{19}{20} \times \dfrac{38}{39} =$

⑰ $1\dfrac{1}{25} \times 1\dfrac{1}{2} =$

⑱ $1\dfrac{1}{47} \times 1\dfrac{1}{8} =$

⑲ $1\dfrac{1}{63} \times 1\dfrac{3}{8} =$

⑳ $1\dfrac{1}{58} \times 2\dfrac{9}{10} =$

분수의 곱셈 (2)

분   초
/20

■ 다음 곱셈을 하시오.

① $1\dfrac{3}{4} \times 12 =$

② $1\dfrac{1}{12} \times 4 =$

③ $1\dfrac{1}{5} \times \dfrac{5}{6} =$

④ $1\dfrac{10}{11} \times \dfrac{6}{7} =$

⑤ $1\dfrac{12}{13} \times \dfrac{4}{5} =$

⑥ $1\dfrac{14}{15} \times \dfrac{28}{29} =$

⑦ $1\dfrac{1}{17} \times 1\dfrac{8}{9} =$

⑧ $1\dfrac{1}{20} \times 1\dfrac{6}{7} =$

⑨ $1\dfrac{1}{25} \times 2\dfrac{1}{13} =$

⑩ $1\dfrac{1}{42} \times 2\dfrac{4}{5} =$

⑪ $1\dfrac{1}{15} \times 5 =$

⑫ $1\dfrac{1}{18} \times 9 =$

⑬ $1\dfrac{1}{23} \times \dfrac{47}{48} =$

⑭ $1\dfrac{1}{25} \times \dfrac{51}{52} =$

⑮ $1\dfrac{1}{39} \times \dfrac{79}{80} =$

⑯ $1\dfrac{1}{35} \times \dfrac{71}{72} =$

⑰ $1\dfrac{1}{22} \times 1\dfrac{1}{23} =$

⑱ $1\dfrac{1}{11} \times 2\dfrac{5}{6} =$

⑲ $1\dfrac{1}{17} \times 1\dfrac{8}{9} =$

⑳ $1\dfrac{1}{23} \times 2\dfrac{5}{6} =$

분수의 곱셈 (2)

분   초
/20

■ 다음 곱셈을 하시오.

① $1\dfrac{4}{5} \times 10 =$

② $1\dfrac{12}{13} \times 26 =$

③ $1\dfrac{3}{4} \times \dfrac{6}{7} =$

④ $1\dfrac{6}{7} \times \dfrac{12}{13} =$

⑤ $1\dfrac{12}{13} \times \dfrac{4}{5} =$

⑥ $1\dfrac{16}{17} \times \dfrac{10}{11} =$

⑦ $1\dfrac{22}{23} \times 1\dfrac{4}{5} =$

⑧ $1\dfrac{1}{25} \times 1\dfrac{12}{13} =$

⑨ $1\dfrac{1}{28} \times 1\dfrac{1}{29} =$

⑩ $1\dfrac{1}{29} \times 2\dfrac{9}{10} =$

⑪ $1\dfrac{9}{10} \times 30 =$

⑫ $1\dfrac{17}{18} \times 3 =$

⑬ $1\dfrac{4}{5} \times \dfrac{8}{9} =$

⑭ $1\dfrac{14}{15} \times \dfrac{28}{29} =$

⑮ $1\dfrac{16}{17} \times \dfrac{10}{11} =$

⑯ $1\dfrac{19}{20} \times \dfrac{77}{78} =$

⑰ $1\dfrac{21}{22} \times 1\dfrac{42}{43} =$

⑱ $1\dfrac{1}{45} \times 2\dfrac{7}{2} =$

⑲ $1\dfrac{1}{53} \times 1\dfrac{8}{27} =$

⑳ $1\dfrac{1}{61} \times 1\dfrac{1}{31} =$

분수의 곱셈 (2)

■ 다음 곱셈을 하시오.

① $1\dfrac{6}{7} \times 35 =$

② $1\dfrac{13}{14} \times 7 =$

③ $1\dfrac{4}{5} \times \dfrac{8}{9} =$

④ $1\dfrac{6}{7} \times \dfrac{12}{13} =$

⑤ $1\dfrac{9}{10} \times \dfrac{18}{19} =$

⑥ $1\dfrac{12}{13} \times 1\dfrac{4}{5} =$

⑦ $1\dfrac{18}{19} \times 1\dfrac{1}{37} =$

⑧ $1\dfrac{1}{35} \times 1\dfrac{5}{6} =$

⑨ $1\dfrac{1}{47} \times 1\dfrac{7}{8} =$

⑩ $1\dfrac{1}{35} \times 1\dfrac{8}{9} =$

⑪ $1\dfrac{16}{17} \times 17 =$

⑫ $1\dfrac{1}{18} \times 2 =$

⑬ $1\dfrac{5}{6} \times \dfrac{10}{11} =$

⑭ $1\dfrac{8}{9} \times \dfrac{16}{17} =$

⑮ $1\dfrac{14}{15} \times \dfrac{28}{29} =$

⑯ $1\dfrac{31}{32} \times \dfrac{1}{3} =$

⑰ $1\dfrac{1}{35} \times 2\dfrac{1}{6} =$

⑱ $1\dfrac{1}{53} \times 1\dfrac{8}{9} =$

⑲ $1\dfrac{1}{63} \times 1\dfrac{1}{8} =$

⑳ $1\dfrac{1}{48} \times 1\dfrac{6}{7} =$

■ 학습 일정 관리표

	공부한 날	정답수	오답수	소요시간	표준완성시간
113-01호				분 초	
113-02호				분 초	
113-03호				분 초	
113-04호				분 초	1,2학년 : 정답 중심
113-05호				분 초	
113-06호				분 초	3,4학년 : 5분이내
113-07호				분 초	
113-08호				분 초	5,6학년 : 4분이내
113-09호				분 초	
113-10호				분 초	

분수의 나눗셈은 분수의 곱셈과 비슷하며, 나누는 분수의 분모와 분자의 위치를 바꾸어 곱셈으로 고쳐서 계산합니다.

⊙ 진분수 ÷ 자연수

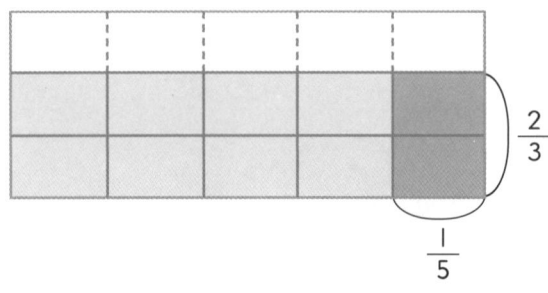

$$\frac{2}{3} \div 5 = \frac{2}{3} \times \frac{1}{5} = \frac{2}{15}$$

❶ 나누는 수인 자연수를 $\frac{1}{\text{자연수}}$ 로 고칩니다.

❷ 약분할 수가 있으면 약분합니다.

❸ 분모는 분모끼리, 분자는 분자끼리 곱합니다.

⊙ 진분수 ÷ 진분수

$$\frac{4}{7} \div \frac{2}{3} = \frac{\overset{2}{\cancel{4}}}{7} \times \frac{3}{\underset{1}{\cancel{2}}} = \frac{6}{7}$$

❶ 나누는 수의 분자와 분모를 서로 바꿉니다.

❷ 약분할 수가 있으면 약분합니다.

❸ 분모는 분모끼리, 분자는 분자끼리 곱합니다.

지도내용 분수의 나눗셈에서는 나누는 수, 즉 제수의 분자와 분모를 바꾸는 것이 중요합니다.
곱셈하기 전에 제수의 분자와 분모를 서로 바꾸었는지 주의하여 지도해 주세요.

분수의 나눗셈 (1)

■ 약분에 주의해서 다음 나눗셈을 하시오.

① $\dfrac{1}{2} \div \dfrac{1}{4} =$

② $\dfrac{1}{3} \div \dfrac{1}{6} =$

③ $\dfrac{4}{5} \div \dfrac{9}{10} =$

④ $\dfrac{6}{7} \div \dfrac{13}{14} =$

⑤ $\dfrac{7}{8} \div \dfrac{15}{16} =$

⑥ $\dfrac{9}{10} \div \dfrac{29}{30} =$

⑦ $\dfrac{10}{11} \div \dfrac{32}{33} =$

⑧ $\dfrac{13}{14} \div \dfrac{39}{40} =$

⑨ $\dfrac{16}{17} \div \dfrac{48}{49} =$

⑩ $\dfrac{19}{20} \div \dfrac{59}{60} =$

⑪ $\dfrac{20}{21} \div \dfrac{60}{61} =$

⑫ $\dfrac{21}{22} \div \dfrac{65}{66} =$

⑬ $\dfrac{2}{3} \div \dfrac{4}{9} =$

⑭ $\dfrac{5}{6} \div \dfrac{17}{18} =$

⑮ $\dfrac{6}{7} \div \dfrac{18}{19} =$

⑯ $\dfrac{11}{12} \div \dfrac{22}{23} =$

⑰ $\dfrac{14}{15} \div \dfrac{28}{30} =$

⑱ $\dfrac{16}{17} \div \dfrac{32}{33} =$

⑲ $\dfrac{18}{19} \div \dfrac{37}{38} =$

⑳ $\dfrac{20}{21} \div \dfrac{40}{42} =$

㉑ $\dfrac{23}{24} \div \dfrac{46}{47} =$

㉒ $\dfrac{25}{26} \div \dfrac{50}{52} =$

㉓ $\dfrac{26}{27} \div \dfrac{52}{53} =$

㉔ $\dfrac{28}{29} \div \dfrac{57}{58} =$

분수의 나눗셈 (1)

■ 약분에 주의해서 다음 나눗셈을 하시오.

① $\dfrac{1}{3} \div 15 =$

② $\dfrac{3}{4} \div \dfrac{15}{16} =$

③ $\dfrac{6}{7} \div \dfrac{18}{20} =$

④ $\dfrac{8}{9} \div \dfrac{16}{17} =$

⑤ $\dfrac{11}{12} \div \dfrac{23}{24} =$

⑥ $\dfrac{13}{14} \div \dfrac{27}{28} =$

⑦ $\dfrac{16}{17} \div \dfrac{32}{33} =$

⑧ $\dfrac{22}{23} \div \dfrac{45}{46} =$

⑨ $\dfrac{26}{27} \div \dfrac{52}{53} =$

⑩ $\dfrac{28}{29} \div \dfrac{56}{57} =$

⑪ $\dfrac{30}{31} \div \dfrac{60}{61} =$

⑫ $\dfrac{31}{32} \div \dfrac{63}{64} =$

⑬ $\dfrac{2}{5} \div \dfrac{8}{10} =$

⑭ $\dfrac{5}{6} \div \dfrac{10}{12} =$

⑮ $\dfrac{7}{9} \div \dfrac{17}{18} =$

⑯ $\dfrac{7}{8} \div \dfrac{14}{15} =$

⑰ $\dfrac{11}{13} \div \dfrac{33}{34} =$

⑱ $\dfrac{14}{15} \div \dfrac{28}{29} =$

⑲ $\dfrac{18}{19} \div \dfrac{37}{38} =$

⑳ $\dfrac{21}{23} \div \dfrac{63}{64} =$

㉑ $\dfrac{25}{27} \div \dfrac{75}{76} =$

㉒ $\dfrac{27}{28} \div \dfrac{81}{82} =$

㉓ $\dfrac{32}{33} \div \dfrac{64}{65} =$

㉔ $\dfrac{33}{34} \div \dfrac{67}{68} =$

분수의 나눗셈 (1)

분   초
/24

■ 약분에 주의해서 다음 나눗셈을 하시오.

① $\dfrac{1}{3} \div 3 =$

② $\dfrac{2}{5} \div \dfrac{4}{10} =$

③ $\dfrac{3}{7} \div \dfrac{9}{10} =$

④ $\dfrac{9}{10} \div \dfrac{18}{17} =$

⑤ $\dfrac{11}{14} \div \dfrac{22}{23} =$

⑥ $\dfrac{13}{18} \div \dfrac{26}{27} =$

⑦ $\dfrac{22}{23} \div \dfrac{45}{46} =$

⑧ $\dfrac{21}{25} \div \dfrac{49}{50} =$

⑨ $\dfrac{26}{27} \div \dfrac{52}{53} =$

⑩ $\dfrac{26}{28} \div \dfrac{55}{56} =$

⑪ $\dfrac{29}{30} \div \dfrac{87}{88} =$

⑫ $\dfrac{28}{31} \div \dfrac{92}{93} =$

⑬ $\dfrac{3}{4} \div 12 =$

⑭ $\dfrac{5}{6} \div \dfrac{10}{11} =$

⑮ $\dfrac{5}{8} \div \dfrac{15}{16} =$

⑯ $\dfrac{11}{12} \div \dfrac{22}{23} =$

⑰ $\dfrac{14}{15} \div \dfrac{28}{29} =$

⑱ $\dfrac{21}{22} \div \dfrac{43}{44} =$

⑲ $\dfrac{24}{25} \div \dfrac{48}{50} =$

⑳ $\dfrac{23}{28} \div \dfrac{55}{56} =$

㉑ $\dfrac{31}{32} \div \dfrac{62}{63} =$

㉒ $\dfrac{32}{33} \div \dfrac{64}{65} =$

㉓ $\dfrac{30}{34} \div \dfrac{60}{61} =$

㉔ $\dfrac{31}{35} \div \dfrac{69}{70} =$

분수의 나눗셈 (1)

■ 약분에 주의해서 다음 나눗셈을 하시오.

① $\dfrac{1}{2} \div 14 =$

② $\dfrac{1}{4} \div \dfrac{3}{8} =$

③ $\dfrac{2}{5} \div \dfrac{19}{20} =$

④ $\dfrac{6}{7} \div \dfrac{27}{28} =$

⑤ $\dfrac{8}{9} \div \dfrac{16}{17} =$

⑥ $\dfrac{10}{11} \div \dfrac{20}{21} =$

⑦ $\dfrac{10}{13} \div \dfrac{30}{31} =$

⑧ $\dfrac{15}{16} \div \dfrac{30}{31} =$

⑨ $\dfrac{17}{18} \div \dfrac{53}{54} =$

⑩ $\dfrac{22}{23} \div \dfrac{68}{69} =$

⑪ $\dfrac{21}{24} \div \dfrac{63}{64} =$

⑫ $\dfrac{25}{26} \div \dfrac{75}{76} =$

⑬ $\dfrac{2}{3} \div \dfrac{4}{9} =$

⑭ $\dfrac{4}{5} \div \dfrac{24}{25} =$

⑮ $\dfrac{5}{6} \div \dfrac{35}{36} =$

⑯ $\dfrac{7}{9} \div \dfrac{28}{29} =$

⑰ $\dfrac{11}{12} \div \dfrac{35}{36} =$

⑱ $\dfrac{15}{16} \div \dfrac{30}{31} =$

⑲ $\dfrac{17}{19} \div \dfrac{34}{35} =$

⑳ $\dfrac{20}{23} \div \dfrac{40}{41} =$

㉑ $\dfrac{23}{25} \div \dfrac{49}{50} =$

㉒ $\dfrac{27}{28} \div \dfrac{54}{55} =$

㉓ $\dfrac{29}{30} \div \dfrac{89}{90} =$

㉔ $\dfrac{31}{33} \div \dfrac{98}{99} =$

분수의 나눗셈 (1)

■ 약분에 주의해서 다음 나눗셈을 하시오.

① $\dfrac{1}{3} \div \dfrac{1}{45} =$

② $\dfrac{4}{5} \div \dfrac{16}{20} =$

③ $\dfrac{6}{7} \div \dfrac{20}{21} =$

④ $\dfrac{7}{9} \div \dfrac{21}{22} =$

⑤ $\dfrac{10}{13} \div \dfrac{30}{31} =$

⑥ $\dfrac{11}{12} \div \dfrac{22}{23} =$

⑦ $\dfrac{14}{15} \div \dfrac{28}{30} =$

⑧ $\dfrac{16}{17} \div \dfrac{33}{34} =$

⑨ $\dfrac{21}{22} \div \dfrac{43}{44} =$

⑩ $\dfrac{24}{25} \div \dfrac{48}{50} =$

⑪ $\dfrac{23}{27} \div \dfrac{53}{54} =$

⑫ $\dfrac{27}{28} \div \dfrac{55}{56} =$

⑬ $\dfrac{1}{4} \div \dfrac{1}{16} =$

⑭ $\dfrac{6}{7} \div \dfrac{18}{19} =$

⑮ $\dfrac{8}{9} \div \dfrac{24}{25} =$

⑯ $\dfrac{10}{11} \div \dfrac{30}{31} =$

⑰ $\dfrac{15}{17} \div \dfrac{45}{46} =$

⑱ $\dfrac{19}{20} \div \dfrac{39}{40} =$

⑲ $\dfrac{23}{24} \div \dfrac{47}{48} =$

⑳ $\dfrac{26}{27} \div \dfrac{52}{53} =$

㉑ $\dfrac{27}{28} \div \dfrac{54}{55} =$

㉒ $\dfrac{29}{30} \div \dfrac{59}{60} =$

㉓ $\dfrac{29}{32} \div \dfrac{63}{64} =$

㉔ $\dfrac{31}{35} \div \dfrac{69}{70} =$

분수의 나눗셈 (1)

■ 약분에 주의해서 다음 나눗셈을 하시오.

① $\dfrac{1}{2} \div 32 =$

② $\dfrac{3}{4} \div \dfrac{21}{24} =$

③ $\dfrac{6}{7} \div \dfrac{24}{25} =$

④ $\dfrac{8}{9} \div \dfrac{26}{27} =$

⑤ $\dfrac{10}{11} \div \dfrac{30}{33} =$

⑥ $\dfrac{11}{14} \div \dfrac{41}{42} =$

⑦ $\dfrac{14}{17} \div \dfrac{42}{43} =$

⑧ $\dfrac{17}{19} \div \dfrac{56}{57} =$

⑨ $\dfrac{23}{24} \div \dfrac{47}{48} =$

⑩ $\dfrac{23}{26} \div \dfrac{46}{47} =$

⑪ $\dfrac{28}{29} \div \dfrac{57}{58} =$

⑫ $\dfrac{31}{32} \div \dfrac{62}{63} =$

⑬ $\dfrac{1}{2} \div \dfrac{1}{12} =$

⑭ $\dfrac{2}{3} \div \dfrac{14}{15} =$

⑮ $\dfrac{4}{5} \div \dfrac{19}{20} =$

⑯ $\dfrac{8}{10} \div \dfrac{29}{30} =$

⑰ $\dfrac{13}{15} \div \dfrac{26}{27} =$

⑱ $\dfrac{15}{18} \div \dfrac{30}{31} =$

⑲ $\dfrac{20}{21} \div \dfrac{40}{41} =$

⑳ $\dfrac{22}{24} \div \dfrac{44}{48} =$

㉑ $\dfrac{25}{26} \div \dfrac{50}{52} =$

㉒ $\dfrac{26}{27} \div \dfrac{52}{53} =$

㉓ $\dfrac{29}{30} \div \dfrac{58}{60} =$

㉔ $\dfrac{31}{35} \div \dfrac{62}{63} =$

분수의 나눗셈 (1)

■ 약분에 주의해서 다음 나눗셈을 하시오.

① $\dfrac{1}{2} \div 12 =$

② $\dfrac{3}{4} \div \dfrac{9}{10} =$

③ $\dfrac{5}{6} \div \dfrac{10}{11} =$

④ $\dfrac{7}{8} \div \dfrac{14}{15} =$

⑤ $\dfrac{8}{9} \div \dfrac{16}{17} =$

⑥ $\dfrac{11}{12} \div \dfrac{22}{23} =$

⑦ $\dfrac{13}{14} \div \dfrac{27}{28} =$

⑧ $\dfrac{17}{18} \div \dfrac{34}{35} =$

⑨ $\dfrac{21}{22} \div \dfrac{42}{43} =$

⑩ $\dfrac{25}{26} \div \dfrac{50}{52} =$

⑪ $\dfrac{25}{28} \div \dfrac{75}{76} =$

⑫ $\dfrac{28}{31} \div \dfrac{84}{85} =$

⑬ $\dfrac{1}{3} \div \dfrac{1}{15} =$

⑭ $\dfrac{3}{5} \div \dfrac{9}{10} =$

⑮ $\dfrac{4}{7} \div \dfrac{12}{13} =$

⑯ $\dfrac{5}{9} \div \dfrac{17}{18} =$

⑰ $\dfrac{10}{13} \div \dfrac{20}{21} =$

⑱ $\dfrac{11}{14} \div \dfrac{22}{23} =$

⑲ $\dfrac{17}{18} \div \dfrac{34}{36} =$

⑳ $\dfrac{21}{23} \div \dfrac{42}{43} =$

㉑ $\dfrac{25}{26} \div \dfrac{50}{52} =$

㉒ $\dfrac{27}{28} \div \dfrac{55}{56} =$

㉓ $\dfrac{28}{31} \div \dfrac{63}{62} =$

㉔ $\dfrac{30}{34} \div \dfrac{67}{68} =$

분수의 나눗셈 (1)

분   초
/24

■ 약분에 주의해서 다음 나눗셈을 하시오.

① $\dfrac{1}{3} \div 18 =$

② $\dfrac{2}{5} \div \dfrac{6}{7} =$

③ $\dfrac{7}{8} \div \dfrac{21}{22} =$

④ $\dfrac{10}{11} \div \dfrac{20}{21} =$

⑤ $\dfrac{12}{13} \div \dfrac{24}{25} =$

⑥ $\dfrac{16}{17} \div \dfrac{32}{34} =$

⑦ $\dfrac{17}{20} \div \dfrac{39}{40} =$

⑧ $\dfrac{19}{22} \div \dfrac{43}{44} =$

⑨ $\dfrac{25}{26} \div \dfrac{50}{51} =$

⑩ $\dfrac{26}{27} \div \dfrac{52}{54} =$

⑪ $\dfrac{31}{32} \div \dfrac{62}{64} =$

⑫ $\dfrac{36}{37} \div \dfrac{73}{74} =$

⑬ $\dfrac{1}{4} \div \dfrac{1}{20} =$

⑭ $\dfrac{5}{6} \div \dfrac{1}{30} =$

⑮ $\dfrac{11}{12} \div \dfrac{22}{23} =$

⑯ $\dfrac{15}{16} \div \dfrac{30}{31} =$

⑰ $\dfrac{18}{19} \div \dfrac{36}{37} =$

⑱ $\dfrac{22}{23} \div \dfrac{44}{45} =$

⑲ $\dfrac{24}{25} \div \dfrac{48}{50} =$

⑳ $\dfrac{26}{27} \div \dfrac{78}{79} =$

㉑ $\dfrac{27}{28} \div \dfrac{83}{84} =$

㉒ $\dfrac{28}{29} \div \dfrac{56}{58} =$

㉓ $\dfrac{29}{30} \div \dfrac{58}{60} =$

㉔ $\dfrac{29}{31} \div \dfrac{91}{93} =$

■ 약분에 주의해서 다음 나눗셈을 하시오.

① $\dfrac{1}{2} \div \dfrac{1}{8} =$

② $\dfrac{3}{4} \div \dfrac{9}{10} =$

③ $\dfrac{6}{7} \div \dfrac{18}{19} =$

④ $\dfrac{7}{8} \div \dfrac{21}{22} =$

⑤ $\dfrac{9}{10} \div \dfrac{18}{19} =$

⑥ $\dfrac{12}{13} \div \dfrac{24}{25} =$

⑦ $\dfrac{15}{16} \div \dfrac{30}{31} =$

⑧ $\dfrac{22}{23} \div \dfrac{45}{46} =$

⑨ $\dfrac{23}{24} \div \dfrac{47}{48} =$

⑩ $\dfrac{27}{28} \div \dfrac{54}{56} =$

⑪ $\dfrac{25}{29} \div \dfrac{50}{58} =$

⑫ $\dfrac{31}{32} \div \dfrac{62}{63} =$

⑬ $\dfrac{1}{7} \div \dfrac{1}{14} =$

⑭ $\dfrac{5}{6} \div \dfrac{10}{12} =$

⑮ $\dfrac{8}{9} \div \dfrac{16}{17} =$

⑯ $\dfrac{11}{12} \div \dfrac{22}{23} =$

⑰ $\dfrac{16}{17} \div \dfrac{32}{33} =$

⑱ $\dfrac{19}{20} \div \dfrac{39}{40} =$

⑲ $\dfrac{21}{22} \div \dfrac{43}{44} =$

⑳ $\dfrac{25}{26} \div \dfrac{50}{51} =$

㉑ $\dfrac{28}{29} \div \dfrac{56}{57} =$

㉒ $\dfrac{30}{31} \div \dfrac{60}{62} =$

㉓ $\dfrac{29}{32} \div \dfrac{63}{64} =$

㉔ $\dfrac{31}{34} \div \dfrac{67}{68} =$

분수의 나눗셈 (1)

분   초
/24

■ 약분에 주의해서 다음 나눗셈을 하시오.

① $\dfrac{1}{3} \div 15 =$

② $\dfrac{1}{5} \div \dfrac{1}{20} =$

③ $\dfrac{6}{7} \div 18 =$

④ $\dfrac{8}{9} \div \dfrac{16}{17} =$

⑤ $\dfrac{11}{12} \div \dfrac{22}{23} =$

⑥ $\dfrac{14}{15} \div \dfrac{28}{30} =$

⑦ $\dfrac{18}{19} \div \dfrac{36}{37} =$

⑧ $\dfrac{21}{24} \div \dfrac{42}{43} =$

⑨ $\dfrac{27}{28} \div \dfrac{54}{55} =$

⑩ $\dfrac{29}{30} \div \dfrac{59}{60} =$

⑪ $\dfrac{27}{32} \div \dfrac{54}{55} =$

⑫ $\dfrac{31}{36} \div \dfrac{71}{72} =$

⑬ $\dfrac{1}{4} \div 20 =$

⑭ $\dfrac{1}{8} \div \dfrac{1}{16} =$

⑮ $\dfrac{5}{8} \div \dfrac{15}{16} =$

⑯ $\dfrac{9}{10} \div \dfrac{19}{20} =$

⑰ $\dfrac{12}{13} \div \dfrac{24}{25} =$

⑱ $\dfrac{16}{17} \div \dfrac{32}{33} =$

⑲ $\dfrac{22}{23} \div \dfrac{44}{45} =$

⑳ $\dfrac{25}{26} \div \dfrac{50}{52} =$

㉑ $\dfrac{28}{29} \div \dfrac{84}{85} =$

㉒ $\dfrac{29}{30} \div \dfrac{87}{89} =$

㉓ $\dfrac{27}{32} \div \dfrac{95}{96} =$

㉔ $\dfrac{31}{34} \div \dfrac{93}{94} =$

■ 학습 일정 관리표

	공부한 날	정답수	오답수	소요시간	표준완성시간
114-01호				분 초	
114-02호				분 초	
114-03호				분 초	
114-04호				분 초	1,2학년 : 정답 중심
114-05호				분 초	
114-06호				분 초	3,4학년 : 5분이내
114-07호				분 초	
114-08호				분 초	5,6학년 : 4분이내
114-09호				분 초	
114-10호				분 초	

대분수가 있는 나눗셈은 가분수로 바꾸고 나누는 수의 분모와 분자의 위치를 서로 바꿉니다. 마지막으로 약분할 수가 있으면 약분을 하고 없으면 그대로 곱하면 됩니다. 나눗셈을 한 결과 값이 가분수로 나온 경우, 반드시 대분수로 다시 바꿉니다.

⊙ 대분수 ÷ 자연수

$$1\frac{5}{7} \div 4 = \frac{12}{7} \div 4 = \frac{\cancel{12}^{3}}{7} \times \frac{1}{\cancel{4}_{1}} = \frac{3}{7}$$

⊙ 대분수 ÷ 진분수

$$1\frac{7}{8} \div \frac{5}{9} = \frac{15}{8} \div \frac{5}{9} = \frac{\cancel{15}^{3}}{8} \times \frac{9}{\cancel{5}_{1}} = \frac{27}{8} = 3\frac{3}{8}$$

⊙ 대분수 ÷ 대분수

$$1\frac{10}{11} \div 1\frac{1}{6} = \frac{21}{11} \div \frac{7}{6} = \frac{\cancel{21}^{3}}{11} \times \frac{6}{\cancel{7}_{1}} = \frac{18}{11} = 1\frac{7}{11}$$

대분수를 가분수로 고치고 나눗셈은 곱하기 역수로 고쳐서 계산한다.

지도내용 대분수를 먼저 가분수로 바꾸로 난 후에 계산을 하도록 지도해 주시고, 가분수로 나온 답은 반드시 대분수로 다시 바꾸도록 지도해 주세요.

분수의 나눗셈 (2)

■ 다음 나눗셈을 하시오.

① $1\dfrac{1}{2} \div 3 =$

② $1\dfrac{1}{3} \div 2 =$

③ $1\dfrac{4}{5} \div 6 =$

④ $1\dfrac{7}{8} \div \dfrac{7}{8} =$

⑤ $1\dfrac{9}{10} \div \dfrac{9}{10} =$

⑥ $1\dfrac{10}{11} \div \dfrac{21}{22} =$

⑦ $1\dfrac{12}{13} \div 1\dfrac{1}{24} =$

⑧ $1\dfrac{13}{14} \div 1\dfrac{1}{26} =$

⑨ $1\dfrac{14}{15} \div 1\dfrac{1}{28} =$

⑩ $1\dfrac{15}{16} \div 1\dfrac{1}{30} =$

⑪ $2\dfrac{1}{2} \div 10 =$

⑫ $2\dfrac{1}{3} \div \dfrac{14}{15} =$

⑬ $2\dfrac{5}{6} \div \dfrac{17}{18} =$

⑭ $2\dfrac{6}{7} \div \dfrac{20}{21} =$

⑮ $1\dfrac{15}{16} \div \dfrac{31}{32} =$

⑯ $1\dfrac{1}{27} \div \dfrac{26}{27} =$

⑰ $1\dfrac{1}{18} \div 1\dfrac{1}{18} =$

⑱ $1\dfrac{1}{23} \div 1\dfrac{1}{7} =$

⑲ $1\dfrac{1}{30} \div 1\dfrac{1}{10} =$

⑳ $1\dfrac{1}{32} \div 1\dfrac{1}{16} =$

분수의 나눗셈 (2)

분   초
/20

■ 다음 나눗셈을 하시오.

① $1\dfrac{1}{2} \div 12 =$

② $1\dfrac{1}{4} \div 15 =$

③ $1\dfrac{2}{3} \div 20 =$

④ $1\dfrac{5}{6} \div \dfrac{11}{12} =$

⑤ $1\dfrac{6}{7} \div \dfrac{20}{21} =$

⑥ $1\dfrac{8}{9} \div \dfrac{17}{18} =$

⑦ $1\dfrac{11}{12} \div 1\dfrac{5}{6} =$

⑧ $1\dfrac{15}{16} \div 1\dfrac{7}{8} =$

⑨ $1\dfrac{17}{18} \div 1\dfrac{8}{9} =$

⑩ $1\dfrac{19}{20} \div 1\dfrac{9}{10} =$

⑪ $2\dfrac{1}{3} \div 14 =$

⑫ $1\dfrac{4}{5} \div 18 =$

⑬ $2\dfrac{5}{6} \div \dfrac{17}{18} =$

⑭ $2\dfrac{7}{8} \div \dfrac{23}{24} =$

⑮ $1\dfrac{18}{19} \div \dfrac{37}{38} =$

⑯ $1\dfrac{19}{20} \div \dfrac{39}{40} =$

⑰ $1\dfrac{21}{22} \div 1\dfrac{1}{42} =$

⑱ $1\dfrac{24}{25} \div 1\dfrac{4}{5} =$

⑲ $1\dfrac{28}{29} \div 1\dfrac{1}{18} =$

⑳ $1\dfrac{27}{30} \div 2\dfrac{1}{28} =$

분수의 나눗셈 (2)

분　　초
/20

■ 다음 나눗셈을 하시오.

① $1\dfrac{1}{2} \div 6 =$

② $1\dfrac{1}{4} \div 15 =$

③ $1\dfrac{5}{6} \div \dfrac{11}{12} =$

④ $1\dfrac{8}{9} \div \dfrac{8}{9} =$

⑤ $1\dfrac{11}{12} \div \dfrac{11}{12} =$

⑥ $1\dfrac{13}{14} \div \dfrac{10}{14} =$

⑦ $1\dfrac{15}{16} \div 1\dfrac{1}{16} =$

⑧ $1\dfrac{17}{18} \div 1\dfrac{1}{34} =$

⑨ $1\dfrac{19}{20} \div 1\dfrac{1}{38} =$

⑩ $1\dfrac{21}{22} \div 1\dfrac{21}{22} =$

⑪ $2\dfrac{1}{2} \div 15 =$

⑫ $2\dfrac{1}{4} \div 3 =$

⑬ $1\dfrac{4}{5} \div \dfrac{18}{19} =$

⑭ $2\dfrac{3}{7} \div \dfrac{13}{14} =$

⑮ $1\dfrac{9}{10} \div \dfrac{8}{20} =$

⑯ $1\dfrac{8}{12} \div \dfrac{10}{20} =$

⑰ $1\dfrac{13}{15} \div 1\dfrac{27}{30} =$

⑱ $2\dfrac{10}{15} \div 1\dfrac{1}{19} =$

⑲ $1\dfrac{1}{24} \div 1\dfrac{1}{49} =$

⑳ $2\dfrac{1}{25} \div 2\dfrac{1}{8} =$

분수의 나눗셈 (2)

■ 다음 나눗셈을 하시오.

① $1\dfrac{1}{2} \div 12 =$

② $1\dfrac{1}{5} \div 12 =$

③ $1\dfrac{4}{7} \div \dfrac{13}{14} =$

④ $1\dfrac{9}{10} \div \dfrac{9}{20} =$

⑤ $1\dfrac{10}{11} \div \dfrac{7}{8} =$

⑥ $1\dfrac{11}{13} \div \dfrac{6}{11} =$

⑦ $1\dfrac{15}{16} \div 1\dfrac{30}{32} =$

⑧ $1\dfrac{17}{19} \div 1\dfrac{1}{19} =$

⑨ $1\dfrac{20}{23} \div 1\dfrac{1}{23} =$

⑩ $1\dfrac{21}{25} \div 1\dfrac{1}{22} =$

⑪ $2\dfrac{1}{2} \div 15 =$

⑫ $1\dfrac{4}{6} \div 5 =$

⑬ $1\dfrac{7}{8} \div \dfrac{3}{4} =$

⑭ $1\dfrac{1}{12} \div \dfrac{5}{6} =$

⑮ $1\dfrac{1}{14} \div \dfrac{6}{7} =$

⑯ $1\dfrac{1}{16} \div \dfrac{7}{8} =$

⑰ $1\dfrac{1}{20} \div 1\dfrac{7}{8} =$

⑱ $1\dfrac{1}{23} \div 1\dfrac{1}{11} =$

⑲ $1\dfrac{1}{25} \div 1\dfrac{1}{12} =$

⑳ $1\dfrac{1}{27} \div 1\dfrac{1}{13} =$

분수의 나눗셈 (2)

■ 다음 나눗셈을 하시오.

① $1\dfrac{1}{3} \div 16 =$

② $1\dfrac{1}{5} \div 18 =$

③ $1\dfrac{5}{6} \div \dfrac{17}{18} =$

④ $1\dfrac{7}{8} \div \dfrac{15}{16} =$

⑤ $1\dfrac{10}{11} \div \dfrac{21}{25} =$

⑥ $1\dfrac{12}{13} \div \dfrac{12}{13} =$

⑦ $1\dfrac{14}{15} \div 1\dfrac{1}{15} =$

⑧ $1\dfrac{16}{17} \div 1\dfrac{1}{10} =$

⑨ $1\dfrac{22}{23} \div 1\dfrac{1}{8} =$

⑩ $1\dfrac{24}{25} \div 1\dfrac{1}{6} =$

⑪ $1\dfrac{3}{4} \div 14 =$

⑫ $1\dfrac{1}{6} \div 7 =$

⑬ $2\dfrac{4}{5} \div \dfrac{7}{8} =$

⑭ $2\dfrac{1}{9} \div \dfrac{17}{18} =$

⑮ $1\dfrac{11}{12} \div \dfrac{23}{24} =$

⑯ $1\dfrac{13}{14} \div \dfrac{41}{42} =$

⑰ $1\dfrac{15}{16} \div 1\dfrac{1}{30} =$

⑱ $1\dfrac{18}{19} \div 1\dfrac{1}{19} =$

⑲ $1\dfrac{20}{21} \div 1\dfrac{1}{21} =$

⑳ $1\dfrac{23}{24} \div 1\dfrac{1}{24} =$

분수의 나눗셈 (2)

분   초
/20

■ 다음 나눗셈을 하시오.

① $1\dfrac{2}{3} \div 10 =$

② $1\dfrac{3}{4} \div 14 =$

③ $1\dfrac{5}{6} \div \dfrac{5}{6} =$

④ $1\dfrac{8}{9} \div \dfrac{8}{9} =$

⑤ $1\dfrac{11}{12} \div \dfrac{5}{6} =$

⑥ $1\dfrac{15}{16} \div \dfrac{31}{32} =$

⑦ $1\dfrac{17}{18} \div 1\dfrac{1}{6} =$

⑧ $1\dfrac{20}{21} \div 1\dfrac{1}{21} =$

⑨ $1\dfrac{23}{24} \div 1\dfrac{1}{12} =$

⑩ $1\dfrac{26}{27} \div 1\dfrac{1}{9} =$

⑪ $1\dfrac{1}{2} \div 9 =$

⑫ $1\dfrac{6}{7} \div 26 =$

⑬ $1\dfrac{7}{8} \div \dfrac{3}{4} =$

⑭ $1\dfrac{10}{11} \div \dfrac{10}{11} =$

⑮ $1\dfrac{13}{14} \div \dfrac{27}{28} =$

⑯ $1\dfrac{16}{17} \div \dfrac{1}{51} =$

⑰ $1\dfrac{19}{20} \div 1\dfrac{1}{40} =$

⑱ $1\dfrac{23}{24} \div 1\dfrac{1}{46} =$

⑲ $1\dfrac{25}{26} \div 1\dfrac{1}{16} =$

⑳ $1\dfrac{27}{28} \div 1\dfrac{1}{10} =$

■ 다음 나눗셈을 하시오.

① $1\dfrac{1}{2} \div 15 =$

② $1\dfrac{2}{3} \div 10 =$

③ $1\dfrac{4}{5} \div \dfrac{1}{5} =$

④ $1\dfrac{6}{7} \div \dfrac{7}{14} =$

⑤ $1\dfrac{8}{9} \div \dfrac{35}{36} =$

⑥ $1\dfrac{9}{10} \div \dfrac{39}{40} =$

⑦ $1\dfrac{11}{12} \div 1\dfrac{1}{24} =$

⑧ $1\dfrac{13}{14} \div 1\dfrac{1}{28} =$

⑨ $1\dfrac{15}{16} \div 1\dfrac{1}{32} =$

⑩ $1\dfrac{17}{18} \div 1\dfrac{1}{36} =$

⑪ $1\dfrac{3}{4} \div 14 =$

⑫ $1\dfrac{5}{6} \div 22 =$

⑬ $1\dfrac{7}{8} \div \dfrac{23}{24} =$

⑭ $1\dfrac{9}{10} \div \dfrac{19}{20} =$

⑮ $1\dfrac{12}{13} \div \dfrac{38}{39} =$

⑯ $1\dfrac{14}{15} \div \dfrac{44}{45} =$

⑰ $2\dfrac{18}{19} \div 1\dfrac{1}{57} =$

⑱ $2\dfrac{20}{21} \div 1\dfrac{1}{63} =$

⑲ $2\dfrac{23}{24} \div 1\dfrac{1}{48} =$

⑳ $2\dfrac{25}{26} \div 1\dfrac{1}{78} =$

분수의 나눗셈 (2)

■ 다음 나눗셈을 하시오.

① $1\dfrac{1}{4} \div 15 =$

② $1\dfrac{4}{5} \div 6 =$

③ $1\dfrac{5}{6} \div \dfrac{9}{12} =$

④ $1\dfrac{7}{8} \div \dfrac{23}{24} =$

⑤ $1\dfrac{9}{10} \div \dfrac{27}{50} =$

⑥ $1\dfrac{12}{13} \div \dfrac{38}{39} =$

⑦ $1\dfrac{15}{16} \div 1\dfrac{1}{8} =$

⑧ $1\dfrac{17}{18} \div 1\dfrac{1}{36} =$

⑨ $1\dfrac{18}{19} \div 1\dfrac{1}{38} =$

⑩ $1\dfrac{20}{21} \div 1\dfrac{1}{42} =$

⑪ $1\dfrac{2}{3} \div 10 =$

⑫ $1\dfrac{5}{6} \div 33 =$

⑬ $2\dfrac{6}{7} \div \dfrac{11}{14} =$

⑭ $1\dfrac{10}{11} \div \dfrac{32}{33} =$

⑮ $1\dfrac{12}{13} \div \dfrac{51}{52} =$

⑯ $1\dfrac{13}{14} \div \dfrac{43}{42} =$

⑰ $2\dfrac{15}{16} \div 1\dfrac{1}{48} =$

⑱ $2\dfrac{19}{20} \div 1\dfrac{1}{60} =$

⑲ $2\dfrac{22}{23} \div 1\dfrac{1}{69} =$

⑳ $2\dfrac{24}{25} \div 1\dfrac{1}{50} =$

분수의 나눗셈 (2)

분   초
/20

■ 다음 나눗셈을 하시오.

① $1\dfrac{1}{2} \div 9 =$

② $1\dfrac{5}{7} \div 8 =$

③ $1\dfrac{4}{5} \div \dfrac{12}{13} =$

④ $1\dfrac{7}{8} \div \dfrac{23}{24} =$

⑤ $1\dfrac{8}{9} \div \dfrac{35}{36} =$

⑥ $1\dfrac{11}{12} \div \dfrac{35}{36} =$

⑦ $1\dfrac{13}{14} \div 1\dfrac{1}{53} =$

⑧ $1\dfrac{15}{16} \div 1\dfrac{1}{61} =$

⑨ $1\dfrac{18}{19} \div 1\dfrac{1}{73} =$

⑩ $1\dfrac{20}{21} \div 1\dfrac{1}{42} =$

⑪ $1\dfrac{4}{5} \div 18 =$

⑫ $1\dfrac{7}{8} \div 45 =$

⑬ $1\dfrac{5}{6} \div \dfrac{17}{18} =$

⑭ $1\dfrac{9}{10} \div \dfrac{19}{20} =$

⑮ $1\dfrac{11}{13} \div \dfrac{38}{39} =$

⑯ $1\dfrac{14}{15} \div \dfrac{44}{45} =$

⑰ $1\dfrac{16}{17} \div 1\dfrac{1}{34} =$

⑱ $2\dfrac{21}{22} \div 1\dfrac{1}{66} =$

⑲ $2\dfrac{24}{25} \div 1\dfrac{1}{50} =$

⑳ $2\dfrac{26}{27} \div 1\dfrac{1}{54} =$

분수의 나눗셈 (2)

■ 다음 나눗셈을 하시오.

① $1\dfrac{1}{3} \div 8 =$

② $1\dfrac{4}{5} \div 18 =$

③ $1\dfrac{6}{7} \div \dfrac{20}{21} =$

④ $1\dfrac{6}{8} \div \dfrac{23}{24} =$

⑤ $1\dfrac{8}{9} \div \dfrac{35}{36} =$

⑥ $1\dfrac{10}{13} \div \dfrac{25}{26} =$

⑦ $1\dfrac{14}{15} \div 1\dfrac{4}{5} =$

⑧ $1\dfrac{17}{18} \div 1\dfrac{8}{9} =$

⑨ $1\dfrac{23}{24} \div 1\dfrac{7}{8} =$

⑩ $1\dfrac{26}{27} \div 1\dfrac{8}{9} =$

⑪ $1\dfrac{1}{4} \div 10 =$

⑫ $1\dfrac{5}{6} \div 22 =$

⑬ $1\dfrac{4}{7} \div \dfrac{13}{14} =$

⑭ $1\dfrac{7}{9} \div \dfrac{35}{36} =$

⑮ $1\dfrac{10}{11} \div \dfrac{32}{33} =$

⑯ $1\dfrac{16}{17} \div \dfrac{67}{68} =$

⑰ $2\dfrac{14}{15} \div 1\dfrac{1}{43} =$

⑱ $2\dfrac{16}{17} \div 1\dfrac{1}{49} =$

⑲ $2\dfrac{19}{20} \div 1\dfrac{1}{58} =$

⑳ $2\dfrac{20}{21} \div 1\dfrac{1}{61} =$

■ 학습 일정 관리표

	공부한 날	정답수	오답수	소요시간	표준완성시간
115-01호				분 초	
115-02호				분 초	
115-03호				분 초	
115-04호				분 초	1,2학년 : 정답 중심
115-05호				분 초	
115-06호				분 초	3,4학년 : 5분이내
115-07호				분 초	
115-08호				분 초	5,6학년 : 4분이내
115-09호				분 초	
115-10호				분 초	

분수의 혼합 계산은 자연수의 혼합계산과 같은 원칙이 적용됩니다.

- ( ) 안을 먼저 계산합니다.
- 곱셈과 나눗셈은 덧셈 · 뺄셈보다 먼저 계산합니다.
- 왼쪽에서 오른쪽으로,

⊙ **분수의 혼합계산**

❶ $4\dfrac{1}{5} - \dfrac{3}{5} \times 1\dfrac{1}{9}$

$= 4\dfrac{1}{5} - \dfrac{\cancel{3}^1}{\cancel{5}_1} \times \dfrac{\cancel{10}^2}{\cancel{9}_3}$

❶ 먼저 곱셈을 계산하기 위해 대분수를 가분수 형태로 바꿉니다. 약분할 수가 있으면 약분합니다.

❷ $4\dfrac{1}{5} - \dfrac{\cancel{3}^1}{\cancel{5}_1} \times \dfrac{\cancel{10}^2}{\cancel{9}_3}$

$= 4\dfrac{1}{5} - \dfrac{2}{3}$

❷ 곱셈을 계산합니다.

❸ $4\dfrac{1\times3}{5\times3} - \dfrac{2\times5}{3\times5}$

$= 4\dfrac{3}{15} - \dfrac{10}{15}$

❸ 뺄셈을 계산하기 위해 분모를 통분합니다.

❹ $3\dfrac{18}{15} - \dfrac{10}{15} = 3\dfrac{8}{15}$

❹ 자연수는 자연수끼리, 분수는 분수끼리 계산합니다.

답은 $3\dfrac{8}{15}$ 입니다.

지도내용 덧 · 뺄셈과 곱 · 나눗셈이 혼합되어 있는 경우, 처음부터 세 분수를 모두 통분하지 말고 두 분수를 통분해 계산한 다음, 그 결과로 나온 수와 나머지 분수를 통분하는 방법으로 계산하도록 지도해 주세요.

분수의 혼합계산

■ 다음 계산을 하시오.

① $1\dfrac{1}{2} + 1\dfrac{2}{8} \times 1\dfrac{1}{4} =$

⑥ $1\dfrac{1}{2} \times 1\dfrac{1}{7} \times 1\dfrac{1}{6} =$

② $1\dfrac{2}{3} - 1\dfrac{1}{9} \div \dfrac{10}{11} =$

⑦ $2\dfrac{1}{3} \div 1\dfrac{1}{15} - 1\dfrac{3}{8} =$

③ $2\dfrac{3}{4} + 1\dfrac{1}{4} \times 1\dfrac{1}{8} =$

⑧ $1\dfrac{5}{8} + 1\dfrac{7}{8} \times \dfrac{14}{15} =$

④ $\left(1\dfrac{1}{9} + 1\dfrac{2}{3}\right) \times 1\dfrac{4}{5} =$

⑨ $1\dfrac{1}{5} \times \left(1\dfrac{1}{8} + 1\dfrac{1}{24}\right) =$

⑤ $1\dfrac{1}{28} \div \left(5\dfrac{1}{6} - 2\dfrac{9}{12}\right) =$

⑩ $\left(3\dfrac{1}{3} - 1\dfrac{15}{16}\right) \div 1\dfrac{1}{48} =$

분수의 혼합계산

■ 다음 계산을 하시오.

① $12 \times 1\dfrac{1}{3} \times 1\dfrac{1}{48} =$

② $2\dfrac{1}{2} - 1\dfrac{1}{6} \times 1\dfrac{1}{7} =$

③ $1\dfrac{9}{10} \div \dfrac{9}{10} - 1\dfrac{1}{18} =$

④ $\left(5\dfrac{2}{3} - 2\dfrac{5}{15}\right) \times 1\dfrac{1}{15} =$

⑤ $1\dfrac{1}{20} \div \left(2\dfrac{1}{4} + 1\dfrac{1}{10}\right) =$

⑥ $1\dfrac{11}{12} \div 1\dfrac{5}{6} \times 1\dfrac{1}{10} =$

⑦ $1\dfrac{1}{14} \times 1\dfrac{1}{30} + 1\dfrac{1}{7} =$

⑧ $4\dfrac{1}{3} - 1\dfrac{5}{6} \div \dfrac{11}{12} =$

⑨ $\left(1\dfrac{2}{8} + 1\dfrac{1}{24}\right) \div 1\dfrac{1}{10} =$

⑩ $1\dfrac{1}{9} \times \left(3\dfrac{1}{7} - 1\dfrac{42}{49}\right) =$

■ 다음 계산을 하시오.

① $1\dfrac{7}{8} \times 16 \times 1\dfrac{1}{2} =$

⑥ $2\dfrac{3}{7} \div 1\dfrac{1}{14} \div 1\dfrac{1}{3} =$

② $2\dfrac{2}{5} + 1\dfrac{1}{10} \times 1\dfrac{1}{11} =$

⑦ $1\dfrac{1}{15} \times 1\dfrac{1}{44} - \dfrac{7}{11} =$

③ $2\dfrac{1}{4} + 3 \times 1\dfrac{1}{16}$

⑧ $1\dfrac{5}{7} - 1\dfrac{1}{16} \div \dfrac{7}{8} =$

④ $1\dfrac{1}{13} \times \left(4\dfrac{2}{7} - 2\dfrac{15}{21}\right) =$

⑨ $1\dfrac{1}{15} \times \left(3\dfrac{2}{10} - 1\dfrac{9}{20}\right) =$

⑤ $\left(1\dfrac{2}{9} + 1\dfrac{5}{27}\right) \div 1\dfrac{1}{27} =$

⑩ $\left(1\dfrac{1}{4} + 1\dfrac{5}{16}\right) \div 2\dfrac{15}{20} =$

분수의 혼합계산

분　　초
/10

■ 다음 계산을 하시오.

① $2\dfrac{1}{5} \times 15 \times \dfrac{10}{11} =$

⑥ $1\dfrac{1}{23} \div 1\dfrac{1}{11} \div 1\dfrac{1}{21} =$

② $1\dfrac{1}{4} + 1\dfrac{1}{5} \times 1\dfrac{9}{8} =$

⑦ $2\dfrac{1}{13} \times 2\dfrac{2}{3} - 1\dfrac{5}{26} =$

③ $1\dfrac{4}{7} \div \dfrac{13}{14} + 1\dfrac{1}{13} =$

⑧ $3\dfrac{1}{7} - 1\dfrac{6}{7} \times 1\dfrac{1}{39} =$

④ $1\dfrac{1}{23} \times \left(4\dfrac{1}{6} - 1\dfrac{1}{8}\right) =$

⑨ $1\dfrac{1}{10} \div \left(1\dfrac{1}{2} + 2\dfrac{1}{5}\right) =$

⑤ $\left(1\dfrac{1}{10} + 2\dfrac{1}{20}\right) \times 1\dfrac{1}{39} =$

⑩ $\left(5\dfrac{1}{5} - 2\dfrac{10}{20}\right) \div 1\dfrac{3}{10} =$

분수의 혼합계산

분　　초
/10

■ 다음 계산을 하시오.

① $1\dfrac{3}{4} \times 1\dfrac{2}{7} \times 1\dfrac{1}{15} =$

⑥ $1\dfrac{1}{2} \div 12 \div 1\dfrac{1}{4} =$

② $1\dfrac{1}{9} - 1\dfrac{1}{9} \times \dfrac{19}{20} =$

⑦ $1\dfrac{1}{2} - 1\dfrac{1}{12} \div \dfrac{5}{6} =$

③ $1\dfrac{1}{4} \times 2\dfrac{1}{3} + 1\dfrac{1}{6} =$

⑧ $1\dfrac{7}{8} \div \dfrac{3}{4} - 1\dfrac{1}{4} =$

④ $1\dfrac{1}{6} \div \left(2\dfrac{1}{4} - 1\dfrac{1}{6}\right) =$

⑨ $1\dfrac{1}{11} \times \left(3\dfrac{1}{2} + 1\dfrac{1}{12}\right) =$

⑤ $\left(3\dfrac{5}{8} - 1\dfrac{1}{4}\right) \div 1\dfrac{1}{16} =$

⑩ $\left(1\dfrac{3}{11} + 1\dfrac{21}{22}\right) \div 1\dfrac{1}{44} =$

분수의 혼합계산

■ 다음 계산을 하시오.

① $2\dfrac{1}{6} \times 1\dfrac{2}{3} \times 1\dfrac{1}{15} =$

⑥ $1\dfrac{4}{6} \div 1\dfrac{1}{12} \div 1\dfrac{1}{9} =$

② $2\dfrac{3}{4} - 1\dfrac{3}{4} \times 1\dfrac{1}{14} =$

⑦ $1\dfrac{1}{3} + 1\dfrac{13}{15} \div 1\dfrac{27}{30} =$

③ $1\dfrac{1}{2} \times 2\dfrac{1}{9} - 1\dfrac{5}{6} =$

⑧ $1\dfrac{7}{8} \div 1\dfrac{3}{4} + 1\dfrac{6}{7} =$

④ $1\dfrac{1}{5} \div \left(1\dfrac{1}{3} - 1\dfrac{1}{9}\right) =$

⑨ $1\dfrac{1}{11} \times \left(2\dfrac{1}{6} + 1\dfrac{2}{3}\right) =$

⑤ $\left(2\dfrac{1}{3} - 1\dfrac{1}{4}\right) \times 1\dfrac{1}{13} =$

⑩ $\left(1\dfrac{4}{7} + 2\dfrac{1}{14}\right) \div 1\dfrac{6}{7} =$

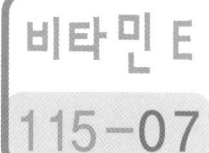 

분수의 혼합계산

■ 다음 계산을 하시오.

① $1\dfrac{1}{3} \times 1\dfrac{1}{8} \times 2\dfrac{8}{9} =$

⑥ $1\dfrac{1}{12} \div \dfrac{5}{6} \div 1\dfrac{1}{15} =$

② $5\dfrac{1}{4} - 1\dfrac{1}{5} \times 2\dfrac{7}{9} =$

⑦ $1\dfrac{3}{5} + 2\dfrac{4}{5} \div 1\dfrac{1}{6} =$

③ $1\dfrac{1}{3} \times 2\dfrac{1}{4} - 1\dfrac{4}{5} =$

⑧ $1\dfrac{7}{8} \div \dfrac{15}{16} - 1\dfrac{7}{10} =$

④ $1\dfrac{1}{11} \times \left(3\dfrac{3}{9} - 1\dfrac{6}{36}\right) =$

⑨ $1\dfrac{1}{8} \div \left(1\dfrac{1}{4} + 2\dfrac{5}{16}\right) =$

⑤ $\left(5\dfrac{1}{4} - 2\dfrac{1}{8}\right) \div 1\dfrac{1}{4} =$

⑩ $\left(3\dfrac{1}{3} - 1\dfrac{1}{7}\right) \times 1\dfrac{1}{6} =$

분수의 혼합계산

분   초
/10

■ 다음 계산을 하시오.

① $1\dfrac{1}{5} \times 1\dfrac{1}{6} \times 1\dfrac{3}{7} =$

⑥ $1\dfrac{1}{17} \div 1\dfrac{1}{5} \div 3\dfrac{3}{4} =$

② $1\dfrac{1}{17} + 1\dfrac{7}{8} \div 1\dfrac{1}{16} =$

⑦ $3\dfrac{1}{2} - 1\dfrac{2}{3} \times 1\dfrac{1}{5} =$

③ $1\dfrac{1}{2} \times 3\dfrac{1}{6} - 3\dfrac{1}{4} =$

⑧ $1\dfrac{1}{6} \div 1\dfrac{1}{24} + 1\dfrac{2}{5} =$

④ $2\dfrac{1}{7} \div \left(3\dfrac{1}{4} - 1\dfrac{1}{28}\right) =$

⑨ $1\dfrac{1}{17} \times \left(3\dfrac{1}{3} + 1\dfrac{1}{18}\right) =$

⑤ $\left(1\dfrac{1}{2} + 1\dfrac{3}{8}\right) \div 1\dfrac{1}{16} =$

⑩ $\left(2\dfrac{4}{5} - 1\dfrac{14}{15}\right) \times 1\dfrac{1}{9} =$

분수의 혼합계산

분   초
/10

■ 다음 계산을 하시오.

① $1\dfrac{2}{3} \times 1\dfrac{9}{10} \times 1\dfrac{1}{17} =$

⑥ $1\dfrac{3}{4} \div 1\dfrac{1}{8} \div 1\dfrac{1}{6} =$

② $5\dfrac{1}{4} - 1\dfrac{3}{4} \times 1\dfrac{1}{14} =$

⑦ $1\dfrac{6}{7} + 1\dfrac{5}{6} \div 1\dfrac{1}{6} =$

③ $1\dfrac{1}{5} \times 1\dfrac{1}{12} + 1\dfrac{2}{5} =$

⑧ $1\dfrac{1}{17} \div 1\dfrac{1}{8} + 1\dfrac{1}{34} =$

④ $1\dfrac{1}{13} \div \left(2\dfrac{1}{3} - 1\dfrac{1}{6}\right) =$

⑨ $1\dfrac{1}{15} \times \left(3\dfrac{1}{8} + 1\dfrac{3}{4}\right) =$

⑤ $\left(3\dfrac{2}{3} - 1\dfrac{1}{5}\right) \div 1\dfrac{1}{45} =$

⑩ $1\dfrac{7}{13} \times \left(2\dfrac{5}{6} + 1\dfrac{1}{15}\right) =$

■ 다음 계산을 하시오.

① $1\dfrac{1}{7} \times 1\dfrac{3}{4} \times 1\dfrac{1}{16} =$

② $4\dfrac{1}{17} - 1\dfrac{1}{17} \times 1\dfrac{1}{36} =$

③ $1\dfrac{1}{8} \times 2\dfrac{2}{3} + 1\dfrac{1}{5} =$

④ $1\dfrac{7}{23} \times \left(1\dfrac{1}{4} + 2\dfrac{1}{5}\right) =$

⑤ $\left(4\dfrac{10}{11} - 2\dfrac{11}{22}\right) \times 1\dfrac{1}{21} =$

⑥ $2\dfrac{1}{9} \div 1\dfrac{1}{18} \div 1\dfrac{7}{10} =$

⑦ $2\dfrac{1}{11} + 1\dfrac{4}{5} \div 1\dfrac{1}{10} =$

⑧ $2\dfrac{2}{9} \div 1\dfrac{5}{6} - 1\dfrac{1}{11} =$

⑨ $1\dfrac{6}{7} \times \left(3\dfrac{1}{4} - 1\dfrac{1}{16}\right) =$

⑩ $\left(2\dfrac{3}{4} + 1\dfrac{1}{8}\right) \times 1\dfrac{1}{23} =$

116단계

■ 학습 일정 관리표

	공부한 날	정답수	오답수	소요시간	표준완성시간
116-01호				분　　초	
116-02호				분　　초	
116-03호				분　　초	
116-04호	·			분　　초	1,2학년 : 정답 중심
116-05호				분　　초	
116-06호				분　　초	3,4학년 : 5분이내
116-07호				분　　초	
116-08호				분　　초	5,6학년 : 4분이내
116-09호				분　　초	
116-10호				분　　초	

116단계 | 소수의 곱셈 (1)

소수의 곱셈은 자연수의 곱셈과 계산 방법이 비슷합니다. 다만, 소수점의 위치에 주의하여 계산합니다.

⊙ 자연수 × 소수

❶
```
      0.9 ── 피승수
  ×     8 ── 승수
      7 2
```

❶ 자연수의 곱셈처럼 9와 8을 곱한 수 72를 줄에 맞게 씁니다.

❷
```
      0.9
  ×     8
      7.2  ── 소수점 아래
             첫째 자리
```

❷ 곱의 피승수의 소수점에 맞추어 소수점을 찍는다.

⊙ 소수 × 소수

❶
```
      3.2
  ×   0.7
    2 2 4
```

❶ 32와 7을 곱한 수 224를 줄에 맞게 씁니다.

❷

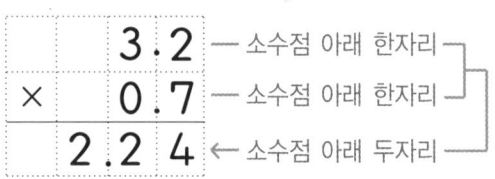

```
      3.2 ── 소수점 아래 한자리
  ×   0.7 ── 소수점 아래 한자리
    2.2 4  ── 소수점 아래 두자리
```

❷ 3.2에는 소수점 아래의 수가 1개, 0.7에도 1개가 있습니다. 소수점 아래의 수가 총 2개 있으므로 결과 값 224에 소수점 아래의 수가 2개가 되도록 소수점을 찍습니다.

지도내용 소수의 곱셈은 자연수의 곱셈과 같은 방법이지만 소수점의 위치에 주의하여 문제를 풀어야 합니다. 소수점 찍는 것에 유의하여 문제를 풀도록 지도해 주세요.

소수의 곱셈 (1)

■ 다음 곱셈을 하시오.

①
$$\begin{array}{r} 0.2 \\ \times\ \ \ \ 4 \\ \hline \end{array}$$

②
$$\begin{array}{r} 1.7 \\ \times\ \ \ \ 5 \\ \hline \end{array}$$

③
$$\begin{array}{r} 0.2 \\ \times\ \ 0.4 \\ \hline \end{array}$$

④
$$\begin{array}{r} 1.5 \\ \times\ \ 0.7 \\ \hline \end{array}$$

⑤
$$\begin{array}{r} 0.7 \\ \times\ \ 1.2 \\ \hline \end{array}$$

⑥
$$\begin{array}{r} 0.9 \\ \times\ \ 1.5 \\ \hline \end{array}$$

⑦
$$\begin{array}{r} 3.2 \\ \times\ \ 0.7 \\ \hline \end{array}$$

⑧
$$\begin{array}{r} 1.8 \\ \times\ \ 1.5 \\ \hline \end{array}$$

⑨
$$\begin{array}{r} 3.2 \\ \times\ \ 4.5 \\ \hline \end{array}$$

⑩
$$\begin{array}{r} 4.9 \\ \times\ \ 2.7 \\ \hline \end{array}$$

⑪
$$\begin{array}{r} 2.4 \\ \times\ \ 3.6 \\ \hline \end{array}$$

⑫
$$\begin{array}{r} 4.8 \\ \times\ \ 2.7 \\ \hline \end{array}$$

⑬
$$\begin{array}{r} 5.9 \\ \times\ \ 6.3 \\ \hline \end{array}$$

⑭
$$\begin{array}{r} 8.7 \\ \times\ \ 8.9 \\ \hline \end{array}$$

⑮
$$\begin{array}{r} 9.3 \\ \times\ \ 9.5 \\ \hline \end{array}$$

⑯
$$\begin{array}{r} 7.5 \\ \times\ \ 9.4 \\ \hline \end{array}$$

소수의 곱셈 (1)

■ 다음 곱셈을 하시오.

①
```
    0.4
  ×   7
```

②
```
    3.7
  ×   6
```

③
```
    0.5
  × 1.2
```

④
```
    0.8
  × 0.9
```

⑤
```
    1.5
  × 0.8
```

⑥
```
    0.9
  × 3.7
```

⑦
```
    1.5
  × 0.7
```

⑧
```
    3.2
  × 2.5
```

⑨
```
    4.5
  × 6.3
```

⑩
```
    3.7
  × 2.8
```

⑪
```
    3.6
  × 2.5
```

⑫
```
    1.9
  × 8.7
```

⑬
```
    6.3
  × 7.2
```

⑭
```
    8.7
  × 3.5
```

⑮
```
    6.3
  × 9.5
```

⑯
```
    7.7
  × 8.8
```

소수의 곱셈 (1)

■ 다음 곱셈을 하시오.

①
```
    0 . 9
×     8
```

②
```
    2 . 5
×     7
```

③
```
    0 . 7
×   1 . 4
```

④
```
    3 . 2
×   0 . 9
```

⑤
```
    1 . 5
×   1 . 8
```

⑥
```
    2 . 5
×   1 . 7
```

⑦
```
    3 . 5
×   4 . 2
```

⑧
```
    2 . 8
×   4 . 9
```

⑨
```
    4 . 6
×   6 . 3
```

⑩
```
    5 . 7
×   4 . 8
```

⑪
```
    6 . 7
×   8 . 2
```

⑫
```
    3 . 9
×   9 . 2
```

⑬
```
    8 . 7
×   9 . 3
```

⑭
```
    9 . 5
×   9 . 1
```

⑮
```
    7 . 3
×   9 . 6
```

⑯
```
    5 . 7
×   8 . 9
```

소수의 곱셈 (1)

분   초
/16

■ 다음 곱셈을 하시오.

①	0.7	②	4.2	③	0.8	④	1.9
×	8	×	5	×	2.5	×	0.9

⑤	2.6	⑥	3.5	⑦	2.8	⑧	4.3
×	1.9	×	4.5	×	3.7	×	2.6

⑨	6.7	⑩	8.3	⑪	6.9	⑫	8.8
×	7.6	×	7.2	×	7.8	×	6.5

⑬	8.5	⑭	3.7	⑮	5.6	⑯	7.2
×	9.3	×	4.5	×	9.3	×	8.5

■ 다음 곱셈을 하시오.

①
$$\begin{array}{r} 2.5 \\ \times\ \ \ 8 \\ \hline \end{array}$$

②
$$\begin{array}{r} 3.9 \\ \times\ \ \ 9 \\ \hline \end{array}$$

③
$$\begin{array}{r} 0.7 \\ \times\ 2.5 \\ \hline \end{array}$$

④
$$\begin{array}{r} 4.7 \\ \times\ 1.5 \\ \hline \end{array}$$

⑤
$$\begin{array}{r} 3.7 \\ \times\ 2.8 \\ \hline \end{array}$$

⑥
$$\begin{array}{r} 4.9 \\ \times\ 5.2 \\ \hline \end{array}$$

⑦
$$\begin{array}{r} 2.8 \\ \times\ 3.9 \\ \hline \end{array}$$

⑧
$$\begin{array}{r} 4.1 \\ \times\ 7.4 \\ \hline \end{array}$$

⑨
$$\begin{array}{r} 4.4 \\ \times\ 5.8 \\ \hline \end{array}$$

⑩
$$\begin{array}{r} 6.3 \\ \times\ 4.9 \\ \hline \end{array}$$

⑪
$$\begin{array}{r} 2.5 \\ \times\ 8.7 \\ \hline \end{array}$$

⑫
$$\begin{array}{r} 3.5 \\ \times\ 9.1 \\ \hline \end{array}$$

⑬
$$\begin{array}{r} 8.7 \\ \times\ 9.2 \\ \hline \end{array}$$

⑭
$$\begin{array}{r} 6.4 \\ \times\ 7.9 \\ \hline \end{array}$$

⑮
$$\begin{array}{r} 3.6 \\ \times\ 9.5 \\ \hline \end{array}$$

⑯
$$\begin{array}{r} 8.9 \\ \times\ 9.6 \\ \hline \end{array}$$

소수의 곱셈 (1)

분   초
/16

■ 다음 곱셈을 하시오.

| ① | 1.7 × 6 | ② | 2.8 × 8 | ③ | 0.6 × 1.3 | ④ | 5.2 × 0.9 |

| ⑤ | 1.6 × 3.5 | ⑥ | 1.8 × 4.7 | ⑦ | 3.7 × 4.5 | ⑧ | 2.6 × 5.2 |

| ⑨ | 3.9 × 6.3 | ⑩ | 4.2 × 8.7 | ⑪ | 6.5 × 7.3 | ⑫ | 7.2 × 8.9 |

| ⑬ | 6.3 × 7.4 | ⑭ | 7.8 × 8.9 | ⑮ | 9.2 × 9.5 | ⑯ | 8.3 × 9.7 |

소수의 곱셈 (1)

■ 다음 곱셈을 하시오.

①	0.5 × 9
②	3.2 × 7
③	0.7 × 0.8
④	3.2 × 0.9

⑤	1.5 × 3.3
⑥	2.6 × 4.2
⑦	3.5 × 4.7
⑧	2.9 × 5.3

⑨	3.1 × 4.9
⑩	4.1 × 5.2
⑪	4.6 × 8.7
⑫	6.9 × 7.2

⑬	5.7 × 8.9
⑭	6.3 × 7.4
⑮	8.5 × 8.9
⑯	9.4 × 9.7

소수의 곱셈 (1)

분   초
/16

■ 다음 곱셈을 하시오.

①
$$\begin{array}{r} 1.2 \\ \times \quad 3 \\ \hline \end{array}$$

②
$$\begin{array}{r} 4.2 \\ \times \quad 6 \\ \hline \end{array}$$

③
$$\begin{array}{r} 1.2 \\ \times \ 0.7 \\ \hline \end{array}$$

④
$$\begin{array}{r} 3.5 \\ \times \ 0.8 \\ \hline \end{array}$$

⑤
$$\begin{array}{r} 3.5 \\ \times \ 2.8 \\ \hline \end{array}$$

⑥
$$\begin{array}{r} 2.9 \\ \times \ 4.5 \\ \hline \end{array}$$

⑦
$$\begin{array}{r} 3.6 \\ \times \ 4.3 \\ \hline \end{array}$$

⑧
$$\begin{array}{r} 0.7 \\ \times \ 8.7 \\ \hline \end{array}$$

⑨
$$\begin{array}{r} 4.6 \\ \times \ 8.5 \\ \hline \end{array}$$

⑩
$$\begin{array}{r} 6.3 \\ \times \ 7.5 \\ \hline \end{array}$$

⑪
$$\begin{array}{r} 3.9 \\ \times \ 8.4 \\ \hline \end{array}$$

⑫
$$\begin{array}{r} 4.7 \\ \times \ 9.2 \\ \hline \end{array}$$

⑬
$$\begin{array}{r} 7.5 \\ \times \ 8.2 \\ \hline \end{array}$$

⑭
$$\begin{array}{r} 6.3 \\ \times \ 9.2 \\ \hline \end{array}$$

⑮
$$\begin{array}{r} 8.9 \\ \times \ 9.1 \\ \hline \end{array}$$

⑯
$$\begin{array}{r} 9.3 \\ \times \ 9.6 \\ \hline \end{array}$$

■ 다음 곱셈을 하시오.

①
```
    0.5
×     7
```

②
```
    4.3
×     6
```

③
```
    0.7
×   1.3
```

④
```
    2.5
×   3.6
```

⑤
```
    1.9
×   4.4
```

⑥
```
    2.8
×   3.5
```

⑦
```
    3.2
×   4.1
```

⑧
```
    5.6
×   5.8
```

⑨
```
    4.6
×   6.3
```

⑩
```
    6.5
×   8.3
```

⑪
```
    2.7
×   6.5
```

⑫
```
    4.9
×   8.9
```

⑬
```
    6.8
×   9.3
```

⑭
```
    8.9
×   9.5
```

⑮
```
    8.6
×   7.5
```

⑯
```
    6.9
×   9.2
```

소수의 곱셈 (1)

■ 다음 곱셈을 하시오.

①
$$\begin{array}{r} 0.6 \\ \times \quad 8 \\ \hline \end{array}$$

②
$$\begin{array}{r} 3.9 \\ \times \quad 9 \\ \hline \end{array}$$

③
$$\begin{array}{r} 1.5 \\ \times \ 2.7 \\ \hline \end{array}$$

④
$$\begin{array}{r} 3.5 \\ \times \ 0.9 \\ \hline \end{array}$$

⑤
$$\begin{array}{r} 1.5 \\ \times \ 1.7 \\ \hline \end{array}$$

⑥
$$\begin{array}{r} 2.5 \\ \times \ 3.6 \\ \hline \end{array}$$

⑦
$$\begin{array}{r} 3.5 \\ \times \ 4.6 \\ \hline \end{array}$$

⑧
$$\begin{array}{r} 5.2 \\ \times \ 6.7 \\ \hline \end{array}$$

⑨
$$\begin{array}{r} 3.8 \\ \times \ 6.2 \\ \hline \end{array}$$

⑩
$$\begin{array}{r} 4.3 \\ \times \ 9.3 \\ \hline \end{array}$$

⑪
$$\begin{array}{r} 5.5 \\ \times \ 7.6 \\ \hline \end{array}$$

⑫
$$\begin{array}{r} 3.6 \\ \times \ 8.1 \\ \hline \end{array}$$

⑬
$$\begin{array}{r} 9.4 \\ \times \ 7.5 \\ \hline \end{array}$$

⑭
$$\begin{array}{r} 6.8 \\ \times \ 8.9 \\ \hline \end{array}$$

⑮
$$\begin{array}{r} 9.3 \\ \times \ 9.7 \\ \hline \end{array}$$

⑯
$$\begin{array}{r} 9.5 \\ \times \ 3.8 \\ \hline \end{array}$$

■ 학습 일정 관리표

	공부한 날	정답수	오답수	소요시간	표준완성시간
117-01호				분 초	
117-02호				분 초	
117-03호				분 초	
117-04호				분 초	1,2학년 : 정답 중심
117-05호				분 초	
117-06호				분 초	3,4학년 : 5분이내
117-07호				분 초	
117-08호				분 초	5,6학년 : 4분이내
117-09호				분 초	
117-10호				분 초	

소수의 곱셈 (2)

소수의 곱셈은 자연수의 곱으로 계산한 후 두 수의 소수점 아래 자리수 합만큼
소수점을 찍어주면 됩니다.

⊙ 자리 수가 다른 소수의 곱셈

❶
$$\begin{array}{r} 0.4\,5 \\ \times\quad 3.7 \\ \hline 3\,1\,5 \end{array}$$

❶ 45와 7을 곱하여 315를 일의 자리부터 씁니다.

❷
$$\begin{array}{r} 0.4\,5 \\ \times\quad 3.7 \\ \hline 3\,1\,5 \\ 1\,3\,5\quad \end{array}$$

❷ 45와 3을 곱하여 135를 십의 자리부터 씁니다.

❸
$$\begin{array}{r} 0.4\,5 \quad\text{(소수점 아래 두자리)} \\ \times\quad 3.7 \quad\text{(소수점 아래 한자리)} \\ \hline 3\,1\,5 \\ 1\,3\,5\quad \\ \hline 1.6\,6\,5 \quad\text{(소수점 아래 세자리)} \end{array}$$

❸ 315 + 1350 을 계산하여 씁니다.

곱의 소수점 위치는 곱하는 두 수의 소수점 아래의 자리수의 합과 같다.

지도내용   소수점의 위치에 주의하여 문제를 풀 수 있도록 지도해 주세요.

소수의 곱셈 (2)

■ 다음 곱셈을 하시오.

①
```
    0 . 0 2
×   0 . 0 9
```

②
```
    0 . 1 5
×   0 . 0 3
```

③
```
    0 . 5 4
×   0 . 1 2
```

④
```
    3 . 1 2
×   0 . 0 9
```

⑤
```
    4 . 5 1
×     3 . 7
```

⑥
```
    2 . 4 9
×   4 3 . 7
```

⑦
```
      6 . 4
×   3 . 2 5
```

⑧
```
    2 8 . 7
×     5 . 2
```

⑨
```
    3 . 7 4
×   5 2 . 2
```

⑩
```
    3 0 . 9
×     4 . 7
```

⑪
```
    6 . 9 2
×   0 . 7 1
```

⑫
```
    8 0 . 1
×   1 . 0 9
```

소수의 곱셈 (2)

분   초
/12

■ 다음 곱셈을 하시오.

①
```
    0 . 0 2
×   0 . 3 1
```

②
```
    0 . 3 7
×       0 . 8
```

③
```
    0 . 7 1
×   2 . 4 2
```

④
```
    3 . 7 1
×       4 . 5
```

⑤
```
    4 . 5 9
×   0 . 7 1
```

⑥
```
    2 7 . 1
×   3 . 8 1
```

⑦
```
    4 . 5 6
×       7 . 1
```

⑧
```
    9 1 . 5
×   8 . 7 1
```

⑨
```
    8 0 . 1
×       4 . 9
```

⑩
```
    9 . 5 1
×   8 0 . 5
```

⑪
```
    3 7 . 5
×   2 0 . 7
```

⑫
```
    4 . 9 2
×   5 2 . 1
```

■ 다음 곱셈을 하시오.

①
```
   0.2 1
 ×   0.7
```

②
```
   0.3 1
 ×   0.5 9
```

③
```
   0.2 7
 ×   0.7 3
```

④
```
   1.2 9
 × 0.3 3
```

⑤
```
   1.5 2
 ×   3.7
```

⑥
```
   4.2 5
 ×   2.5 9
```

⑦
```
   3 7.3
 ×   2.1 7
```

⑧
```
   0.5 9
 × 3 1.3
```

⑨
```
   4.1 5
 ×   3.9
```

⑩
```
   8.5 7
 ×   0.8
```

⑪
```
   6.5 1
 ×   2.5
```

⑫
```
   3 1.5
 ×   4.5 9
```

소수의 곱셈 (2)

■ 다음 곱셈을 하시오.

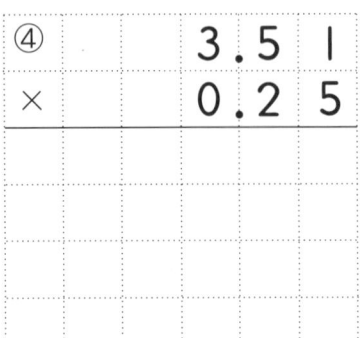

①
```
    0. 4 2
  × 0. 0 3
```

②
```
    0. 2 1
  ×    0. 8
```

③
```
    0. 3 5
  × 0. 2 9
```

④
```
    3. 5 1
  × 0. 2 5
```

⑤
```
    1. 5 6
  ×    2. 5
```

⑥
```
    2. 5 9
  × 0. 3 7
```

⑦
```
    3. 3 5
  × 4. 7 8
```

⑧
```
    1. 5 2
  × 5 2. 9
```

⑨
```
    3 2. 1
  × 0. 7 1
```

⑩
```
    5 2. 3
  ×    0. 7
```

⑪
```
    3 0. 9
  × 4 2. 7
```

⑫
```
    1. 5 6
  ×    8. 7
```

소수의 곱셈 (2)

■ 다음 곱셈을 하시오.

①
$$\begin{array}{r} 0.3\,1 \\ \times\quad 0.8 \\ \hline \end{array}$$

②
$$\begin{array}{r} 0.3\,7 \\ \times\ 0.2\,9 \\ \hline \end{array}$$

③
$$\begin{array}{r} 0.5\,1 \\ \times\ 0.1\,2 \\ \hline \end{array}$$

④
$$\begin{array}{r} 1.2\,5 \\ \times\ 0.8\,5 \\ \hline \end{array}$$

⑤
$$\begin{array}{r} 1.3\,5 \\ \times\quad 0.9 \\ \hline \end{array}$$

⑥
$$\begin{array}{r} 3.5\,4 \\ \times\ 4.2\,6 \\ \hline \end{array}$$

⑦
$$\begin{array}{r} 3.5\,9 \\ \times\ 5.2\,1 \\ \hline \end{array}$$

⑧
$$\begin{array}{r} 1\,5.8 \\ \times\ 3.0\,9 \\ \hline \end{array}$$

⑨
$$\begin{array}{r} 3.9\,1 \\ \times\ 2\,0.3 \\ \hline \end{array}$$

⑩
$$\begin{array}{r} 4\,0.9 \\ \times\ 3.0\,7 \\ \hline \end{array}$$

⑪
$$\begin{array}{r} 5.2\,5 \\ \times\ 3.2\,6 \\ \hline \end{array}$$

⑫
$$\begin{array}{r} 2\,0.9 \\ \times\quad 4.7 \\ \hline \end{array}$$

■ 다음 곱셈을 하시오.

①
```
    0.0 8
×   0.3 1
```

②
```
    0.1 2
×   0.5 6
```

③
```
    0.7 3
×   0.4 8
```

④
```
    1.2 5
×   1.4 9
```

⑤
```
    4.2 2
×   2.3 6
```

⑥
```
    4.1 6
×   5.8 7
```

⑦
```
    3 0.2
×   0.8 1
```

⑧
```
    2.9 5
×   1 0.2
```

⑨
```
    1 3.7
×   1.5 8
```

⑩
```
    3.2 6
×   2.2 5
```

⑪
```
    9.8 7
×   1 5.3
```

⑫
```
    3.9 9
×     5.2
```

소수의 곱셈 (2)

■ 다음 곱셈을 하시오.

①
```
    0 . 1 5
  ×　0 . 0 7
```

②
```
    0 . 8 1
  ×　3 . 2 9
```

③
```
    5 . 1 2
  ×　2 . 2 3
```

④
```
    4 . 5 6
  ×　0 . 8 9
```

⑤
```
  2 0 . 3
  ×　1 . 9 8
```

⑥
```
    3 . 5 7
  ×　1 0 . 9
```

⑦
```
    8 . 8 1
  ×　2 . 4 4
```

⑧
```
    3 . 5 6
  ×　1 5 . 4
```

⑨
```
  5 0 . 2
  ×　0 . 8 9
```

⑩
```
    2 . 2 2
  ×　1 . 3 4
```

⑪
```
    4 . 4 7
  ×　5 4 . 1
```

⑫
```
  3 0 . 6
  ×　　8 . 8
```

소수의 곱셈 (2)

분   초

/12

■ 다음 곱셈을 하시오.

①
$$
\begin{array}{r}
0.09 \\
\times \quad 0.2 \\
\hline
\end{array}
$$

②
$$
\begin{array}{r}
0.82 \\
\times \quad 0.41 \\
\hline
\end{array}
$$

③
$$
\begin{array}{r}
0.29 \\
\times \quad 0.33 \\
\hline
\end{array}
$$

④
$$
\begin{array}{r}
4.12 \\
\times \quad 0.98 \\
\hline
\end{array}
$$

⑤
$$
\begin{array}{r}
2.95 \\
\times \quad 3.2 \\
\hline
\end{array}
$$

⑥
$$
\begin{array}{r}
43.2 \\
\times \quad 0.9 \\
\hline
\end{array}
$$

⑦
$$
\begin{array}{r}
20.7 \\
\times \quad 3.71 \\
\hline
\end{array}
$$

⑧
$$
\begin{array}{r}
4.47 \\
\times \quad 15.4 \\
\hline
\end{array}
$$

⑨
$$
\begin{array}{r}
5.34 \\
\times \quad 10.7 \\
\hline
\end{array}
$$

⑩
$$
\begin{array}{r}
8.87 \\
\times \quad 20.4 \\
\hline
\end{array}
$$

⑪
$$
\begin{array}{r}
20.3 \\
\times \quad 8.09 \\
\hline
\end{array}
$$

⑫
$$
\begin{array}{r}
5.71 \\
\times \quad 9.34 \\
\hline
\end{array}
$$

소수의 곱셈 (2)

■ 다음 곱셈을 하시오.

①
```
    0 . 1 3
×   0 . 2 7
```

②
```
    0 . 4 4
×   0 . 0 8
```

③
```
    2 . 9 2
×   0 . 9 1
```

④
```
    3 . 9 1
×   0 . 6 3
```

⑤
```
    5 . 7 1
×   1 3 . 3
```

⑥
```
    4 0 . 2
×     4 . 7
```

⑦
```
    5 . 2 2
×   3 . 4 1
```

⑧
```
    8 . 8 9
×   2 0 . 3
```

⑨
```
    9 . 2 5
×   0 . 4 1
```

⑩
```
    8 . 3 9
×   1 3 . 2
```

⑪
```
    4 . 2 2
×   8 . 0 7
```

⑫
```
    9 . 2 9
×     5 . 2
```

소수의 곱셈 (2)

분   초

/12

■ 다음 곱셈을 하시오.

①
```
    0 . 1 1
×   0 . 0 8
```

②
```
    0 . 2 7
×   0 . 7 1
```

③
```
    8 . 2 6
×   3 . 4 3
```

④
```
    2 . 9 1
×   0 . 9 1
```

⑤
```
    3 . 7 2
×   4 . 1 1
```

⑥
```
    5 . 3 3
×   0 . 9 8
```

⑦
```
    2 1 . 5
×     8 . 9
```

⑧
```
    1 3 . 3
×   3 2 . 6
```

⑨
```
    9 2 . 1
×   0 . 1 3
```

⑩
```
    3 . 2 6
×     5 . 7
```

⑪
```
    3 3 . 2
×     8 . 7
```

⑫
```
    5 . 6 1
×   1 3 . 2
```

118단계

■ 학습 일정 관리표

	공부한 날	정답수	오답수	소요시간	표준완성시간
118-01호				분　초	
118-02호				분　초	
118-03호				분　초	
118-04호				분　초	1,2학년 : 정답 중심
118-05호				분　초	
118-06호				분　초	3,4학년 : 5분이내
118-07호				분　초	
118-08호				분　초	5,6학년 : 4분이내
118-09호				분　초	
118-10호				분　초	

　　소수의 나눗셈 (1)

소수의 나눗셈은 자연수의 나눗셈과 같이 계산하고 몫의 소수점을 나누어지는 수의 소수점 위치에 맞추어 찍습니다.

⊙ 나머지가 없는 소수의 나눗셈

❶
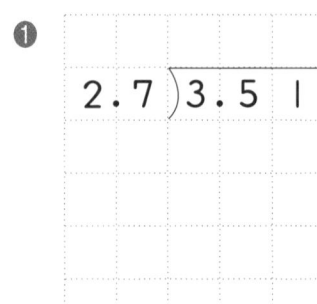
```
2.7 )3.5 1
```

❶ 나눗셈을 하기 전, 2.7을 자연수로 만들기 위해
   나누는 수와 나누어지는 수에 각각 10을 곱합니다.

❷
```
        1 3
  2 7 )3 5. 1
        2 7
          8 1
          8 1
            0
```

❷ 자연수의 나눗셈과 같이 계산을 합니다.

❸
```
        1. 3
  2 7 )3 5. 1
        2 7
          8 1
          8 1
            0
```

❸ 계산하여 나온 몫에 자리 수를 맞추어 소수점을
   찍어줍니다.

지도내용　나누는 수와 나누어지는 수에 10 또는 100을 곱해도 그 이전의 수와 계산 결과가 같다는 것을 이해해야 합니다. 개념을 잘 이해할 수 있도록 지도해 주세요.

소수의 나눗셈 (1)

분   초
/12

■ 다음 나눗셈을 완전히 나누어 질 때까지 계산하시오.

① $0.2\,)\overline{2\,0.6}$

② $0.5\,)\overline{4.7\,5}$

③ $2.4\,)\overline{8\,6.4}$

④ $1.2\,)\overline{4\,3.2}$

⑤ $3.6\,)\overline{9.3\,6}$

⑥ $1\,5\,)\overline{3\,7.5}$

⑦ $2.4\,)\overline{2.8\,8}$

⑧ $5.1\,)\overline{3\,0.6}$

⑨ $6.9\,)\overline{2\,0.7}$

⑩ $4.7\,)\overline{7.0\,5}$

⑪ $0.9\,)\overline{5.0\,4}$

⑫ $1.8\,)\overline{1.4\,4}$

소수의 나눗셈 (1)

분　　　초

/12

■ 다음 나눗셈을 완전히 나누어 질 때까지 계산하시오.

①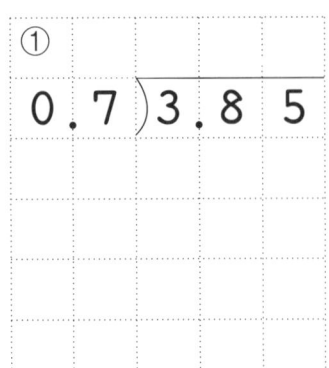

0.7) 3.8 5

②

3.2) 3 8.4

③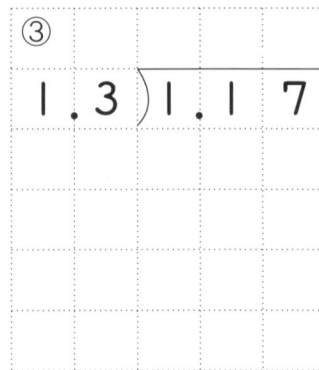

1.3) 1.1 7

④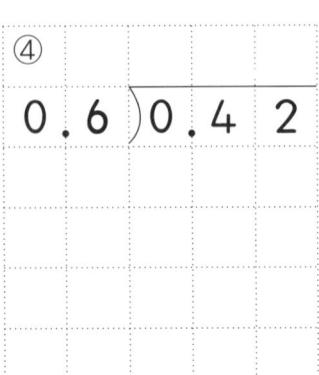

0.6) 0.4 2

⑤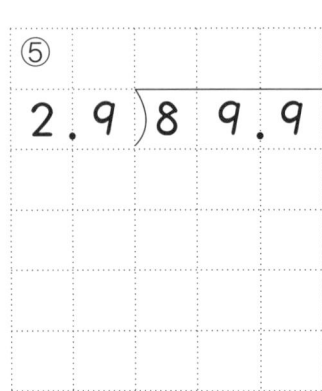

2.9) 8 9.9

⑥

1.7) 2 0.4

⑦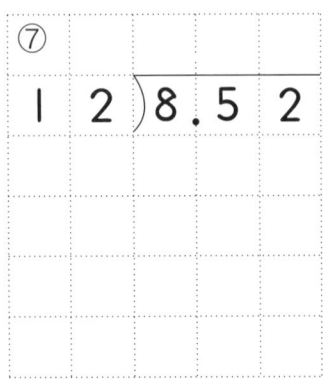

1 2) 8.5 2

⑧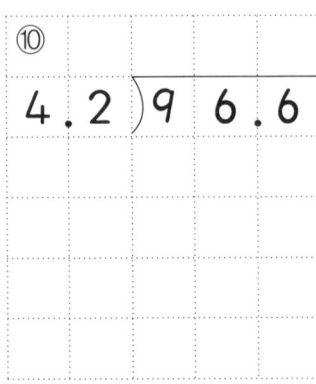

3.6) 8 2.8

⑨

1.4) 1 7.5

⑩

4.2) 9 6.6

⑪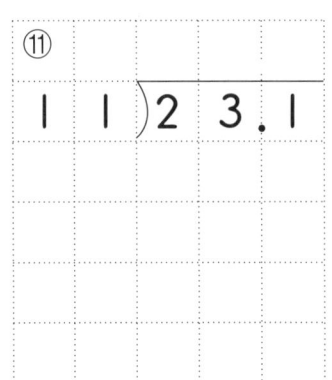

1 1) 2 3.1

⑫

8.9) 2.6 7

소수의 나눗셈 (1)

■ 다음 나눗셈을 완전히 나누어 질 때까지 계산하시오.

① 0.7) 3 9.2

② 0.3) 3.7 2

③ 1.5) 0.0 3

④ 2.7) 4.0 5

⑤ 2.1) 1 2.6

⑥ 3.3) 7.2 6

⑦ 5.2) 6 2.4

⑧ 4.2) 4 4.1

⑨ 1 5) 3.1 5

⑩ 7.8) 9.3 6

⑪ 5.9) 1 7.7

⑫ 7.3) 4.3 8

소수의 나눗셈 (1)

분   초
/12

■ 다음 나눗셈을 완전히 나누어 질 때까지 계산하시오.

① 0.5) 1 1.5

② 0.3) 1 6.5

③ 2.6) 1.5 6

④ 1.7) 3.9 1

⑤ 3.1) 4 0.3

⑥ 1.9) 4.5 6

⑦ 2.3) 5 5.2

⑧ 5.5) 3.8 5

⑨ 4.1) 4 5.1

⑩ 6.2) 2 7.9

⑪ 1.2) 4.6 8

⑫ 2.7) 2 4.3

비타민 E
118-05

소수의 나눗셈 (1)

분 초
/12

■ 다음 나눗셈을 완전히 나누어 질 때까지 계산하시오.

① $0.2\overline{)6.24}$

② $0.8\overline{)9.92}$

③ $2.1\overline{)12.6}$

④ $1.7\overline{)5.44}$

⑤ $1.2\overline{)37.2}$

⑥ $2.7\overline{)8.64}$

⑦ $19\overline{)3.61}$

⑧ $2.8\overline{)8.54}$

⑨ $6.2\overline{)74.4}$

⑩ $7.3\overline{)6.57}$

⑪ $5.2\overline{)20.8}$

⑫ $4.6\overline{)16.1}$

소수의 나눗셈 (1)

분　초
/12

■ 다음 나눗셈을 완전히 나누어 질 때까지 계산하시오.

① 0.5)2 8.8

② 1.2)6.2 4

③ 3.6)4 6.8

④ 4.8)7 4.4

⑤ 2.9)3 1.9

⑥ 8.1)4 0.5

⑦ 1 3)7.2 8

⑧ 0.4)4.8 8

⑨ 1.4)4.3 4

⑩ 2.7)3.5 1

⑪ 4.3)3 8.7

⑫ 5.2)3.3 8

비타민 E

118-07

소수의 나눗셈 (1)

분 초

/12

■ 다음 나눗셈을 완전히 나누어 질 때까지 계산하시오.

① $0.7 \overline{)6.02}$

② $1.2 \overline{)7.56}$

③ $4.3 \overline{)1.29}$

④ $2.8 \overline{)3.64}$

⑤ $1.7 \overline{)4.42}$

⑥ $0.3 \overline{)6.93}$

⑦ $3.1 \overline{)7.13}$

⑧ $5.1 \overline{)61.2}$

⑨ $8.9 \overline{)4.45}$

⑩ $9.2 \overline{)55.2}$

⑪ $17 \overline{)3.91}$

⑫ $6.4 \overline{)7.68}$

소수의 나눗셈 (1)

분   초

/12

■ 다음 나눗셈을 완전히 나누어 질 때까지 계산하시오.

① 0.9) 2.8 8

② 1.5) 6.4 5

③ 3.7) 4 0.7

④ 4.8) 8.6 4

⑤ 2.5) 3 2.5

⑥ 6.3) 3.1 5

⑦ 2.8) 8.6 8

⑧ 8.4) 4 6.2

⑨ 4.3) 6 8.8

⑩ 1 4) 9.9 4

⑪ 0.4) 3.3 6

⑫ 1 1) 7.1 5

비타민 E
118-09

소수의 나눗셈 (1)

분 초
/12

■ 다음 나눗셈을 완전히 나누어 질 때까지 계산하시오.

① $0.6 \overline{)0.96}$

② $1.4 \overline{)29.4}$

③ $3.3 \overline{)1.65}$

④ $5.2 \overline{)15.6}$

⑤ $0.8 \overline{)9.84}$

⑥ $2.1 \overline{)2.73}$

⑦ $16 \overline{)6.72}$

⑧ $7.6 \overline{)91.2}$

⑨ $24 \overline{)7.92}$

⑩ $8.5 \overline{)11.9}$

⑪ $2.4 \overline{)7.68}$

⑫ $3.9 \overline{)3.51}$

소수의 나눗셈 (1)

분   초

/12

■ 다음 나눗셈을 완전히 나누어 질 때까지 계산하시오.

① 0.4)4.8 8

② 3.1)9 6.1

③ 1.7)9.1 8

④ 1 8)5.5 8

⑤ 3.8)4 9.4

⑥ 7.7)9.2 4

⑦ 1.6)5.4 4

⑧ 2 6)6.2 4

⑨ 8.7)5.2 2

⑩ 9.2)1.8 4

⑪ 2.8)3.6 4

⑫ 4.1)4.5 1

■ 학습 일정 관리표

	공부한 날	정답수	오답수	소요시간	표준완성시간
119-01호				분 초	
119-02호				분 초	
119-03호				분 초	
119-04호				분 초	1,2학년 : 정답 중심
119-05호				분 초	
119-06호				분 초	3,4학년 : 5분이내
119-07호				분 초	
119-08호				분 초	5,6학년 : 4분이내
119-09호				분 초	
119-10호				분 초	

나누는 수가 자연수가 되도록 나누는 수의 소수점을 오른쪽으로 옮긴 만큼
나누어지는 수의 소수점도 똑같이 옮겨서 계산합니다.

⊙ 나머지가 있는 소수의 나눗셈

①

$$3.2 \,)\overline{\smash{)}\, 1\,3.4\,5}$$

3.2를 자연수로 만들기
위해 각각 10을 곱합니다.

②

```
           4 2
3 2 ) 1 3 4.5
      1 2 8
          6 5
          6 4
            1
```

134.5 ÷ 32를 자연수의
나눗셈과 같은 방식으로
계산합니다.

③

```
         4.2
3 2 ) 1 3 4.5
      1 2 8
          6 5
          6 4
            1
```

계산 결과 나온 몫에 나누어
지는 수의 소수점 자리를
따라 소수점을 찍어 줍니다.

④

```
         4.2
3 2 ) 1 3 4.5
      1 2 8
          6 5
          6 4
        0.0 1
```

나머지에는 나누어지는
수의 원래 소수점 자리를
따라 소수점을 찍어 줍니다.

지도내용 몫과 나머지의 소수점 위치에 유의해야 합니다. 개념을 이해하고 소수점 위치를 잘
정할 수 있도록 지도해 주세요.

소수의 나눗셈 (2)

■ 소수점 한 자리까지 나누고 나머지를 구하시오.

① 2.5) 2 0.8 3

② 4.3) 1 4.2 5

③ 4.3) 3 0 4.3

④ 0.7) 2 3.0 7

⑤ 2.6) 1 4.7 3

⑥ 3.1) 2 0.4 8

⑦ 5.9) 2 8.3 3

⑧ 2.3) 1 8 2.5

⑨ 4.5) 3 0.5 6

소수의 나눗셈 (2)

분   초

/09

■ 소수점 한 자리까지 나누고 나머지를 구하시오.

① 0.3) 1 4 . 1 1

② 9.2) 2 0 . 4 3

③ 1 2) 1 0 3 . 1

④ 3.7) 1 0 . 8 9

⑤ 8.1) 2 4 . 1 2

⑥ 4.2) 3 3 . 0 2

⑦ 2.2) 1 8 . 8 7

⑧ 4 6) 1 4 0 . 1

⑨ 5.6) 7 3 . 2 1

소수의 나눗셈 (2)

분   초

/09

■ 소수점 한 자리까지 나누고 나머지를 구하시오.

① 2.3)1 5.4 7

② 0.9)1 2.0 9

③ 1.8)1 0 2.2

④ 4.8)2 0.4 7

⑤ 5.2)5 0.8 7

⑥ 1.9)1 3.5 6

⑦ 3.1)2 0 5.3

⑧ 9.4)4 5.9 6

⑨ 1.5)1 3.0 1

소수의 나눗셈 (2)

분   초

/09

■ 소수점 한 자리까지 나누고 나머지를 구하시오.

①
$$1.2 \overline{)10.24}$$

②
$$0.6 \overline{)19.52}$$

③
$$3.3 \overline{)32.84}$$

④
$$6.1 \overline{)48.25}$$

⑤
$$2.4 \overline{)23.72}$$

⑥
$$7.2 \overline{)53.44}$$

⑦
$$1.4 \overline{)11.47}$$

⑧
$$8.3 \overline{)72.82}$$

⑨
$$9.4 \overline{)56.48}$$

소수의 나눗셈 (2)

■ 소수점 한 자리까지 나누고 나머지를 구하시오.

① 3.6) 2 6.0 3

② 1 5) 1 0 1.9

③ 0.4) 1 3.9 1

④ 5.8) 3 7.5 6

⑤ 2.3) 1 3.5 5

⑥ 1.9) 1 4.6 2

⑦ 8.4) 7 4.3 3

⑧ 3.2) 4 3.5 7

⑨ 4 6) 3 1 5.4

소수의 나눗셈 (2)

분   초
/09

■ 소수점 한 자리까지 나누고 나머지를 구하시오.

① $1.3 \overline{)10.29}$

② $5.8 \overline{)42.51}$

③ $0.6 \overline{)23.44}$

④ $3.4 \overline{)31.52}$

⑤ $9.4 \overline{)78.34}$

⑥ $6.8 \overline{)54.76}$

⑦ $2.7 \overline{)15.47}$

⑧ $1.9 \overline{)24.74}$

⑨ $32 \overline{)201.7}$

소수의 나눗셈 (2)

분   초
/09

■ 소수점 한 자리까지 나누고 나머지를 구하시오.

① 0.6)2 0.0 6

② 5.2)4 2.1 3

③ 3.6)2 4.7 8

④ 2.8)4 7.8 6

⑤ 4.9)3 3.0 8

⑥ 9.7)8 7.1 8

⑦ 9 2)5 3 5.8

⑧ 8.6)6 9.4 3

⑨ 6.2)5 0.3 9

소수의 나눗셈 (2)

분   초
/09

■ 소수점 한 자리까지 나누고 나머지를 구하시오.

① 2.4) 1 3.9 6

② 3 8) 2 4 6 4.

③ 8.7) 7 9.1 2

④ 4 3) 3 2 3.8

⑤ 6.5) 5 3.7 2

⑥ 5.8) 4 0.9 3

⑦ 2 8) 1 3 5.3

⑧ 0.9) 3 0.4 6

⑨ 4.6) 6 5.0 4

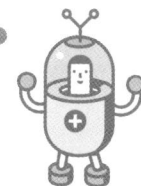

소수의 나눗셈 (2)

■ 소수점 한 자리까지 나누고 나머지를 구하시오.

①
$$1.7\overline{)25.63}$$

②
$$4.6\overline{)37.71}$$

③
$$8.2\overline{)64.01}$$

④
$$3.3\overline{)42.36}$$

⑤
$$2.8\overline{)24.38}$$

⑥
$$6.3\overline{)52.24}$$

⑦
$$9.4\overline{)83.95}$$

⑧
$$8.9\overline{)77.52}$$

⑨
$$52\overline{)432.2}$$

소수의 나눗셈 (2)

■ 소수점 한 자리까지 나누고 나머지를 구하시오.

① 0.7) 2 3.5 4

② 1.8) 2 0.0 9

③ 6.1) 4 3.9 5

④ 4 3) 5 0.4 1

⑤ 7.7) 6 5.2 9

⑥ 8.2) 7 2.5 2

⑦ 5.9) 4 0.3 6

⑧ 6 2) 4 0 3.3

⑨ 6.7) 6 2.8 4

120 단계

■ 학습 일정 관리표

	공부한 날	정답수	오답수	소요시간	표준완성시간
120-01호				분 초	
120-02호				분 초	
120-03호				분 초	
120-04호				분 초	1,2학년 : 정답 중심
120-05호				분 초	
120-06호				분 초	3,4학년 : 5분이내
120-07호				분 초	
120-08호				분 초	5,6학년 : 4분이내
120-09호				분 초	
120-10호				분 초	

120단계   소수의 혼합계산

소수의 혼합 계산도 자연수의 혼합 계산과 같은 방법으로 계산합니다.
다음의 원칙을 꼭 기억하세요.

> • 왼쪽에서 오른쪽으로,
> • 곱셈 · 나눗셈은 덧셈 · 뺄셈보다 먼저 계산합니다.
> • ( ) 안을 먼저 계산합니다.

⊙ 자연수의 혼합 계산

❶ $11.5 - 9.62 \div 3.7$

             2.6

❶ 곱셈 · 나눗셈은 덧셈 · 뺄셈보다 먼저 계산하므로 9.62 ÷ 3.7을 먼저 계산합니다.

❷ $11.5 - 9.62 \div 3.7$

             2.6

     8.9

❷ 11.5 − 2.6을 계산합니다.
답은 8.9입니다.

지도내용   소수의 혼합계산은 계산 원칙을 알고 있으면 쉽게 해결할 수 있는 부분입니다.
계산 원칙을 꼭 숙지하도록 지도해 주세요.

소수의 혼합계산

■ 다음 계산을 하시오.

① $0.7 \times 13.2 + 1.5 =$

② $15.9 - 3.5 \times 4.2 =$

③ $25.2 \div 2.1 + 3.6 =$

④ $10.5 - 8.64 \div 2.7 =$

⑤ $9.6 \times 1.3 \div 2.6 =$

⑥ $(3.2 + 1.7) \times 0.8 =$

⑦ $(10.5 - 4.8) \times 2.2 =$

⑧ $(3.6 + 9.2) \div 0.2 =$

⑨ $(87.6 - 43.3) \div 0.5 =$

⑩ $0.7 \times (14.22 \div 1.8) =$

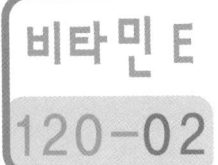

소수의 혼합계산

■ 다음 계산을 하시오.

① $1.4 \times 13.4 + 0.24 =$

② $10.9 + 3.3 \times 2.6 =$

③ $20.88 \div 3.6 + 12.9 =$

④ $40.7 - 27.3 \div 2.6 =$

⑤ $2.7 \times 22.4 \div 4.2 =$

⑥ $(27.3 + 0.8) \times 1.2 =$

⑦ $(35.9 - 13.3) \times 0.9 =$

⑧ $(29.5 + 8.7) \div 0.4 =$

⑨ $(30.9 - 6.9) \div 2.5 =$

⑩ $12.5 \times (14.49 \div 6.9) =$

소수의 혼합계산

분   초
/10

■ 다음 계산을 하시오.

① $4.1 \times 0.8 + 12.5 =$

② $27.8 - 8.6 \times 1.6 =$

③ $9.69 \div 1.9 + 10.7 =$

④ $19.7 - 18.56 \div 3.2 =$

⑤ $0.4 \times 5.9 \div 0.4 =$

⑥ $(3.3 + 12.1) \times 5.4 =$

⑦ $(37.9 - 14.8) \times 1.7 =$

⑧ $(3.74 + 13.46) \div 0.4 =$

⑨ $(76.9 - 41.5) \div 1.2 =$

⑩ $4.9 \times (24.36 \div 8.7) =$

소수의 혼합계산

분　　　초
/10

■ 다음 계산을 하시오.

① $12.8 \times 2.9 + 10.4 =$

② $14.9 - 0.9 \times 8.6 =$

③ $48.64 \div 1.6 + 12.6 =$

④ $24.3 - 18.6 \div 1.5 =$

⑤ $4.3 \times 7.1 \div 0.5 =$

⑥ $(7.4 + 10.5) \times 0.6 =$

⑦ $(37.5 - 17.6) \times 1.9 =$

⑧ $(2.56 + 9.71) \div 0.3 =$

⑨ $(37.92 - 21.37) \div 2.5 =$

⑩ $12.5 \times (15.12 \div 3.6) =$

소수의 혼합계산

■ 다음 계산을 하시오.

① $5.3 \times 4.3 + 10.6 =$

⑥ $(6.6 + 5.1) \times 3.7 =$

② $8.21 - 6.2 \times 0.7 =$

⑦ $(18.8 - 9.6) \times 2.1 =$

③ $13.2 \div 0.8 + 49.9 =$

⑧ $(0.71 + 3.48) \div 0.2 =$

④ $50.9 - 35.67 \div 2.9 =$

⑨ $(91.56 - 65.32) \div 0.8 =$

⑤ $8.1 \times 0.6 \div 0.12 =$

⑩ $40.5 \times (1.4 \div 2.8) =$

소수의 혼합계산

■ 다음 계산을 하시오.

① $2.8 \times 12.6 + 3.5 =$

② $20.8 + 6.4 \times 2.6 =$

③ $65.92 \div 3.2 + 3.5 =$

④ $30.9 - 36.9 \div 1.8 =$

⑤ $3.8 \times 13.4 \div 12.73 =$

⑥ $(2.8 + 3.7) \times 5.4 =$

⑦ $(30.2 - 19.8) \times 1.2 =$

⑧ $(13.9 + 23.5) \div 1.7 =$

⑨ $(20.45 - 8.15) \times 3.3 =$

⑩ $3.2 \times (3.69 \div 0.18) =$

■ 다음 계산을 하시오.

① $3.2 \times 1.8 + 8.2 =$

⑥ $(8.7 + 0.9) \times 0.8 =$

② $8.23 - 0.9 \times 1.3 =$

⑦ $(20.6 - 12.7) \times 1.8 =$

③ $34.96 \div 2.3 + 12.7 =$

⑧ $(2.71 + 8.94) \div 0.5 =$

④ $42.6 - 27.09 \div 0.9 =$

⑨ $(80.6 - 14.48) \div 2.4 =$

⑤ $2.6 \times 3.25 \div 6.5 =$

⑩ $0.32 \times (9.5 \div 3.8) =$

소수의 혼합계산

분   초

/10

■ 다음 계산을 하시오.

① $3.7 \times 8.5 + 10.56 =$

② $10.92 + 3.7 \times 0.9 =$

③ $62.08 \div 6.4 + 13.6 =$

④ $15.9 - 58.56 \div 4.8 =$

⑤ $5.3 \times 8.4 \div 0.8 =$

⑥ $(3.7 + 0.2) \times 4.9 =$

⑦ $(25.5 - 12.3) \times 0.7 =$

⑧ $(12.5 + 20.32) \div 0.6 =$

⑨ $(90.56 - 40.32) \div 0.8 =$

⑩ $14.8 \times (4.32 \div 7.2) =$

소수의 혼합계산

■ 다음 계산을 하시오.

① $2.3 \times 9.2 + 4.53 =$

② $12.6 - 8.2 \times 0.7 =$

③ $52.5 \div 4.2 + 21.3 =$

④ $30.21 - 48.07 \div 2.3 =$

⑤ $1.8 \times 3.25 \div 1.5 =$

⑥ $(7.8 + 3.3) \times 3.2 =$

⑦ $(18.6 - 9.9) \times 2.9 =$

⑧ $(8.83 + 3.73) \div 0.2 =$

⑨ $(90.5 - 35.24) \div 0.9 =$

⑩ $0.4 \times (86.92 \div 8.2) =$

소수의 혼합계산

■ 다음 계산을 하시오.

① $2.9 \times 0.6 + 12.56 =$

② $15.3 + 8.2 \times 1.8 =$

③ $81.62 \div 5.3 + 11.9 =$

④ $18.25 - 1.74 \div 0.12 =$

⑤ $3.7 \times 0.9 \div 0.3 =$

⑥ $(9.2 + 10.4) \times 0.8 =$

⑦ $(18.2 - 9.6) \times 3.2 =$

⑧ $(4.84 + 2.96) \div 1.2 =$

⑨ $(30.6 - 14.45) \div 0.5 =$

⑩ $15.6 \times (27.28 \div 8.8) =$

이 교재를 다 마친 후 실시해 주십시오.

E (종합)

47문항 / 소요시간10분

성취도 테스트

성취도 테스트 실시 목적

지금까지 학습한 E (종합) 과정을 정확하고 빠르게 습득했는지
성취도를 테스트하기 위하여 실시합니다.
이 교재의 어느 부분이 부족한지 오답의 성질을 분석, 약점을
보완하고 지도 자료로 활용합니다.
다음 교재 학습을 위하여 즐겁고 자신있게 풀 수 있도록 동기를
부여하고 자극을 주는 데 목적이 있습니다.

실시방법

먼저 실시 년, 월, 일을 쓰고 시간을 정확히 재면서 문제를
풀도록 합니다.
가능하면 소요시간 내에 풀게 하고, 시간 이내에 풀지 못하면
푼 데까지 표시 후 다 풀도록 해 주세요.
채점은 교사나 어머니께서 직접 해 주시고 정답 수를 기록합니다.

실시 년 월 일	년 월 일	소요 시간	/ 10분

■ 다음 계산을 하시오.

① $\dfrac{7}{10} \times \dfrac{20}{21} =$

② $\dfrac{11}{12} \times \dfrac{32}{33} =$

③ $\dfrac{18}{20} \times \dfrac{50}{54} =$

④ $\dfrac{9}{10} \times \dfrac{35}{36} =$

⑤ $1\dfrac{7}{8} \times 16 =$

⑥ $2\dfrac{1}{5} \times 15 =$

⑦ $1\dfrac{12}{13} \times 1\dfrac{4}{5} =$

⑧ $1\dfrac{1}{15} \times \dfrac{63}{64} =$

⑨ $2\dfrac{1}{13} \times 2\dfrac{2}{3} =$

⑩ $1\dfrac{4}{5} \times 25 =$

⑪ $\dfrac{1}{3} \div 15 =$

⑫ $\dfrac{14}{15} \div \dfrac{28}{29} =$

⑬ $\dfrac{32}{33} \div \dfrac{64}{65} =$

⑭ $\dfrac{23}{25} \div \dfrac{49}{50} =$

⑮ $\dfrac{11}{12} \div \dfrac{22}{23} =$

⑯ $\dfrac{24}{25} \div \dfrac{48}{50} =$

⑰ $1\dfrac{5}{6} \div \dfrac{11}{12} =$

⑱ $1\dfrac{1}{27} \div \dfrac{26}{27} =$

⑲ $2\dfrac{6}{7} \div \dfrac{20}{21} =$

⑳ $1\dfrac{17}{18} \div 1\dfrac{8}{9} =$

■ 다음 계산을 하시오.

㉑ $1\dfrac{1}{2} + 1\dfrac{2}{8} \div \dfrac{5}{6} =$

㉒ $1\dfrac{1}{2} \times 2\dfrac{1}{9} - 1\dfrac{5}{6} =$

㉓ $1\dfrac{1}{5} \div \left(1\dfrac{1}{3} - 1\dfrac{1}{9}\right) =$

㉔ $\left(2\dfrac{1}{3} - 1\dfrac{1}{4}\right) \times 1\dfrac{1}{13} =$

㉕
```
    3.2
×   0.9
```

㉖
```
    2.8
×   4.9
```

㉗
```
    5.7
×   4.8
```

㉘
```
    2.6
×   1.9
```

㉙
```
    0.3 7
×   0.2 9
```

㉚
```
    3.5 4
×   4.2 6
```

㉛
```
    0.0 8
×   0.3 1
```

㉜
```
    1.2 5
×   1.4 9
```

㉝
```
    3 0.2
×   0.8 1
```

㉞
```
    2.9 5
×   1 0.2
```

■ 다음 계산을 하시오.

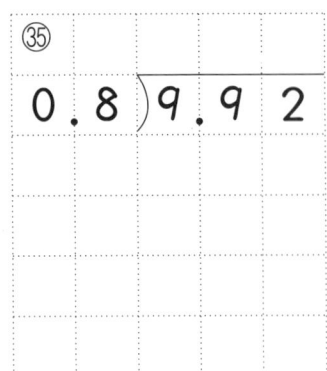

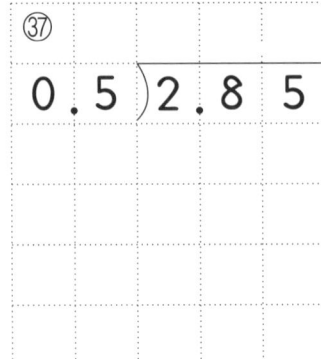

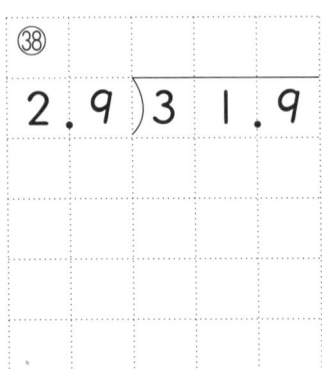

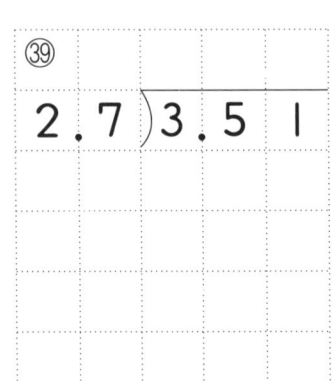

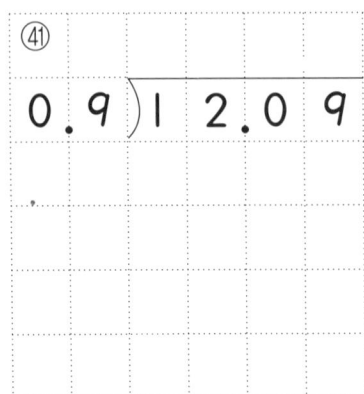

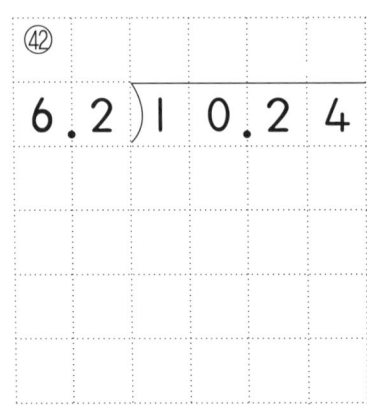

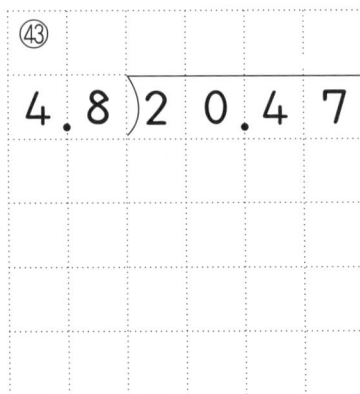

㊽ $(3.3 \times 12.1) + 5.4 =$

㊺ $12.8 + 2.9 \times 10.4 =$

㊻ $(7.4 + 10.5) \times 0.6 =$

㊼ $19.7 - 18.56 \div 3.2 =$

성취도 테스트 결과표

E (종합)

47문항 / 소요시간10분

소요시간 : 　　　　　　　　　　　정답 수 : 　　　　　　　　　 / 47문항

구분	성취도 테스트 결과			
정답 수	47~42	41~32	31~20	19 ~
성취도	A	B	C	D

A. (아주 잘함) : 충분히 이해했으니 다음 단계로 가세요.

B. (잘함) : 학습 내용은 충분히 잘 이해했으나 틀린 부분을 다시 한 번 꼼꼼히 체크하세요.

C. (보통임) : 학습 내용 중 부족한 부분이 있으니 다시 한 번 복습하세요.

D. (부족함) : 다음 단계로 가기에는 부족합니다. 다시 한 번 학습하세요.

성취도 테스트 정답

① $\frac{2}{3}$ ② $\frac{8}{9}$ ③ $\frac{5}{6}$ ④ $\frac{7}{8}$ ⑤ 30

⑥ 33 ⑦ $3\frac{6}{13}$ ⑧ $1\frac{1}{20}$ ⑨ $5\frac{7}{13}$ ⑩ 45

⑪ $\frac{1}{45}$ ⑫ $\frac{29}{30}$ ⑬ $\frac{65}{66}$ ⑭ $\frac{46}{49}$ ⑮ $\frac{23}{24}$

⑯ 1 ⑰ 2 ⑱ $1\frac{1}{13}$ ⑲ 3 ⑳ $1\frac{1}{34}$

㉑ 3 ㉒ $1\frac{1}{3}$ ㉓ $5\frac{2}{5}$ ㉔ $1\frac{1}{6}$ ㉕ 2.88

㉖ 13.72 ㉗ 27.36 ㉘ 4.94 ㉙ 0.1073 ㉚ 15.0804

㉛ 0.0248 ㉜ 1.8625 ㉝ 24.462 ㉞ 30.09 ㉟ 12.4

㊱ 3.1 ㊲ 5.7 ㊳ 11 ㊴ 1.3 ㊵ 9

㊶ 13.4…0.03 ㊷ 1.6…0.32 ㊸ 4.2…0.31

㊹ 45.33 ㊺ 42.96 ㊻ 10.74 ㊼ 13.9

E (종합) 분수 · 소수의 곱셈과 나눗셈

정답

 **111단계** # 정답

111~01
① 2 ② 3 ③ $\frac{1}{3}$ ④ $\frac{3}{5}$ ⑤ $\frac{5}{6}$ ⑥ $\frac{6}{7}$ ⑦ $\frac{7}{8}$
⑧ $\frac{35}{39}$ ⑨ $\frac{2}{3}$ ⑩ $\frac{67}{72}$ ⑪ $\frac{43}{46}$ ⑫ $\frac{9}{10}$ ⑬ $\frac{1}{2}$ ⑭ 4
⑮ $\frac{7}{15}$ ⑯ $\frac{7}{9}$ ⑰ $\frac{11}{18}$ ⑱ $\frac{3}{4}$ ⑲ $\frac{11}{12}$ ⑳ $\frac{7}{8}$ ㉑ $\frac{8}{9}$
㉒ $\frac{25}{36}$ ㉓ $\frac{11}{15}$ ㉔ $\frac{12}{13}$

111~02
① 4 ② 4 ③ $\frac{1}{3}$ ④ $\frac{5}{7}$ ⑤ $\frac{6}{7}$ ⑥ $\frac{3}{4}$ ⑦ $\frac{7}{9}$
⑧ $\frac{7}{8}$ ⑨ $\frac{2}{3}$ ⑩ $\frac{62}{69}$ ⑪ $\frac{3}{5}$ ⑫ $\frac{31}{39}$ ⑬ 9 ⑭ 4
⑮ $\frac{1}{6}$ ⑯ $\frac{7}{12}$ ⑰ $\frac{2}{3}$ ⑱ $\frac{8}{9}$ ⑲ $\frac{3}{4}$ ⑳ $\frac{11}{12}$ ㉑ $\frac{47}{57}$
㉒ $\frac{5}{6}$ ㉓ $\frac{65}{69}$ ㉔ $\frac{17}{18}$

111~03
① 4 ② 8 ③ $\frac{1}{4}$ ④ $\frac{7}{20}$ ⑤ $\frac{9}{11}$ ⑥ $\frac{25}{28}$ ⑦ $\frac{17}{24}$
⑧ $\frac{50}{57}$ ⑨ $\frac{7}{8}$ ⑩ $\frac{41}{46}$ ⑪ $\frac{45}{52}$ ⑫ $\frac{5}{6}$ ⑬ 12 ⑭ 15
⑮ $\frac{24}{35}$ ⑯ $\frac{16}{27}$ ⑰ $\frac{23}{26}$ ⑱ $\frac{13}{15}$ ⑲ $\frac{74}{85}$ ⑳ $\frac{3}{4}$ ㉑ $\frac{62}{69}$
㉒ $\frac{1}{2}$ ㉓ $\frac{37}{39}$ ㉔ $\frac{20}{21}$

111~04
① 5 ② $\frac{2}{3}$ ③ $\frac{3}{4}$ ④ $\frac{19}{32}$ ⑤ $\frac{24}{35}$ ⑥ $\frac{27}{35}$ ⑦ $\frac{19}{24}$
⑧ $\frac{47}{68}$ ⑨ $\frac{35}{44}$ ⑩ $\frac{17}{18}$ ⑪ $\frac{37}{39}$ ⑫ $\frac{19}{21}$ ⑬ 3 ⑭ $\frac{5}{9}$
⑮ $\frac{7}{12}$ ⑯ $\frac{7}{8}$ ⑰ $\frac{49}{55}$ ⑱ $\frac{27}{52}$ ⑲ $\frac{1}{2}$ ⑳ $\frac{47}{54}$ ㉑ $\frac{58}{63}$
㉒ $\frac{10}{13}$ ㉓ $\frac{49}{54}$ ㉔ $\frac{2}{3}$

111~05
① 3 ② $\frac{2}{15}$ ③ $\frac{3}{4}$ ④ $\frac{7}{24}$ ⑤ $\frac{3}{4}$ ⑥ $\frac{25}{28}$ ⑦ $\frac{5}{6}$
⑧ $\frac{17}{27}$ ⑨ $\frac{4}{5}$ ⑩ $\frac{4}{5}$ ⑪ $\frac{37}{39}$ ⑫ $\frac{20}{21}$ ⑬ 7 ⑭ $\frac{1}{2}$
⑮ $\frac{7}{25}$ ⑯ $\frac{5}{6}$ ⑰ $\frac{3}{4}$ ⑱ $\frac{11}{12}$ ⑲ $\frac{3}{4}$ ⑳ $\frac{31}{33}$ ㉑ $\frac{7}{8}$
㉒ $\frac{2}{5}$ ㉓ $\frac{35}{52}$ ㉔ $\frac{17}{21}$

111~06
① 9 ② $\frac{1}{3}$ ③ $\frac{3}{14}$ ④ $\frac{7}{20}$ ⑤ $\frac{20}{27}$ ⑥ $\frac{2}{3}$ ⑦ $\frac{19}{21}$
⑧ $\frac{1}{2}$ ⑨ $\frac{26}{33}$ ⑩ $\frac{4}{5}$ ⑪ $\frac{55}{69}$ ⑫ $\frac{10}{11}$ ⑬ 8 ⑭ $\frac{1}{4}$
⑮ $\frac{9}{16}$ ⑯ $\frac{1}{2}$ ⑰ $\frac{7}{8}$ ⑱ $\frac{4}{5}$ ⑲ $\frac{25}{28}$ ⑳ $\frac{25}{27}$ ㉑ $\frac{59}{63}$
㉒ $\frac{35}{48}$ ㉓ $\frac{37}{52}$ ㉔ $\frac{7}{8}$

111~07
① 6 ② $\frac{2}{3}$ ③ $\frac{19}{24}$ ④ $\frac{13}{18}$ ⑤ $\frac{2}{3}$ ⑥ $\frac{2}{3}$ ⑦ $\frac{7}{9}$
⑧ $\frac{38}{51}$ ⑨ $\frac{17}{21}$ ⑩ $\frac{4}{5}$ ⑪ $\frac{17}{18}$ ⑫ $\frac{45}{56}$ ⑬ 3 ⑭ $\frac{3}{10}$
⑮ $\frac{9}{14}$ ⑯ $\frac{5}{6}$ ⑰ $\frac{21}{26}$ ⑱ $\frac{25}{28}$ ⑲ $\frac{29}{32}$ ⑳ $\frac{7}{8}$ ㉑ $\frac{10}{11}$
㉒ $\frac{7}{8}$ ㉓ $\frac{71}{78}$ ㉔ $\frac{27}{31}$

111~08
① 5 ② $\frac{2}{3}$ ③ $\frac{3}{4}$ ④ $\frac{13}{16}$ ⑤ $\frac{13}{15}$ ⑥ $\frac{22}{27}$ ⑦ $\frac{13}{15}$
⑧ $\frac{29}{32}$ ⑨ $\frac{9}{10}$ ⑩ $\frac{8}{9}$ ⑪ $\frac{15}{16}$ ⑫ $\frac{25}{27}$ ⑬ 15 ⑭ $\frac{2}{3}$
⑮ $\frac{3}{14}$ ⑯ $\frac{7}{9}$ ⑰ $\frac{4}{5}$ ⑱ $\frac{7}{9}$ ⑲ $\frac{16}{21}$ ⑳ $\frac{7}{9}$ ㉑ $\frac{38}{45}$
㉒ $\frac{4}{5}$ ㉓ $\frac{23}{31}$ ㉔ $\frac{20}{21}$

111~09
① 14 ② $\frac{2}{3}$ ③ $\frac{3}{4}$ ④ $\frac{13}{49}$ ⑤ $\frac{6}{17}$ ⑥ $\frac{2}{3}$ ⑦ $\frac{2}{3}$
⑧ $\frac{8}{9}$ ⑨ $\frac{19}{21}$ ⑩ $\frac{9}{10}$ ⑪ $\frac{19}{24}$ ⑫ $\frac{23}{26}$ ⑬ 16 ⑭ $\frac{9}{25}$
⑮ $\frac{7}{12}$ ⑯ $\frac{5}{6}$ ⑰ $\frac{17}{20}$ ⑱ $\frac{23}{26}$ ⑲ $\frac{5}{6}$ ⑳ $\frac{29}{32}$ ㉑ $\frac{27}{31}$
㉒ $\frac{15}{16}$ ㉓ $\frac{49}{52}$ ㉔ $\frac{53}{56}$

111~10
① 5 ② 16 ③ $\frac{10}{13}$ ④ $\frac{14}{17}$ ⑤ $\frac{17}{27}$ ⑥ $\frac{6}{7}$ ⑦ $\frac{2}{3}$
⑧ $\frac{9}{10}$ ⑨ $\frac{8}{9}$ ⑩ $\frac{39}{44}$ ⑪ $\frac{15}{16}$ ⑫ $\frac{17}{18}$ ⑬ 5 ⑭ 30
⑮ $\frac{2}{3}$ ⑯ $\frac{5}{6}$ ⑰ $\frac{2}{3}$ ⑱ $\frac{7}{8}$ ⑲ $\frac{23}{28}$ ⑳ $\frac{35}{38}$ ㉑ $\frac{13}{14}$
㉒ $\frac{47}{50}$ ㉓ $\frac{49}{52}$ ㉔ $\frac{17}{18}$

112~01

① 6 ② 16 ③ $1\frac{1}{4}$ ④ $1\frac{1}{2}$ ⑤ $1\frac{3}{4}$ ⑥ $1\frac{4}{5}$ ⑦ $2\frac{1}{12}$

⑧ $3\frac{11}{14}$ ⑨ $3\frac{4}{5}$ ⑩ $1\frac{31}{34}$ ⑪ 18 ⑫ 24 ⑬ $\frac{3}{10}$ ⑭ $1\frac{2}{5}$

⑮ $\frac{13}{23}$ ⑯ $1\frac{1}{9}$ ⑰ $1\frac{2}{29}$ ⑱ $1\frac{5}{31}$ ⑲ $1\frac{9}{25}$ ⑳ $1\frac{7}{53}$

112~06

① 45 ② 68 ③ $1\frac{7}{10}$ ④ $1\frac{5}{6}$ ⑤ $1\frac{23}{27}$ ⑥ $1\frac{29}{33}$ ⑦ $3\frac{3}{4}$

⑧ 2 ⑨ $2\frac{1}{30}$ ⑩ $2\frac{18}{23}$ ⑪ 50 ⑫ 54 ⑬ $1\frac{14}{15}$ ⑭ $1\frac{10}{11}$

⑮ $1\frac{1}{46}$ ⑯ $1\frac{40}{41}$ ⑰ $1\frac{15}{17}$ ⑱ $2\frac{22}{23}$ ⑲ $2\frac{30}{31}$ ⑳ $1\frac{21}{43}$

112~02

① 10 ② 18 ③ 1 ④ $1\frac{5}{7}$ ⑤ $1\frac{1}{2}$ ⑥ $1\frac{31}{44}$ ⑦ $1\frac{19}{20}$

⑧ $1\frac{7}{8}$ ⑨ $1\frac{3}{28}$ ⑩ $1\frac{1}{10}$ ⑪ 12 ⑫ 27 ⑬ $1\frac{1}{30}$ ⑭ 1

⑮ $\frac{20}{21}$ ⑯ $\frac{7}{46}$ ⑰ $1\frac{1}{9}$ ⑱ $1\frac{9}{25}$ ⑲ 3 ⑳ 3

112~07

① 39 ② 45 ③ $1\frac{1}{2}$ ④ $1\frac{4}{5}$ ⑤ $1\frac{7}{9}$ ⑥ $1\frac{29}{33}$ ⑦ $1\frac{37}{40}$

⑧ $2\frac{7}{8}$ ⑨ 2 ⑩ $1\frac{16}{49}$ ⑪ 33 ⑫ 32 ⑬ $1\frac{3}{4}$ ⑭ $\frac{5}{13}$

⑮ $1\frac{2}{51}$ ⑯ $\frac{9}{10}$ ⑰ $1\frac{14}{25}$ ⑱ $1\frac{7}{47}$ ⑲ $\frac{25}{63}$ ⑳ $2\frac{19}{20}$

112~03

① 56 ② 42 ③ $1\frac{7}{10}$ ④ $1\frac{1}{18}$ ⑤ $1\frac{1}{26}$ ⑥ 1 ⑦ $1\frac{1}{12}$

⑧ $1\frac{3}{40}$ ⑨ $1\frac{3}{46}$ ⑩ $2\frac{4}{41}$ ⑪ 42 ⑫ 50 ⑬ $1\frac{4}{5}$ ⑭ $1\frac{11}{28}$

⑮ $1\frac{1}{20}$ ⑯ $2\frac{4}{31}$ ⑰ $1\frac{22}{23}$ ⑱ 3 ⑲ $5\frac{7}{13}$ ⑳ $\frac{6}{47}$

112~08

① 21 ② $4\frac{1}{3}$ ③ 1 ④ $1\frac{7}{11}$ ⑤ $1\frac{7}{13}$ ⑥ $1\frac{13}{15}$ ⑦ 2

⑧ $1\frac{19}{20}$ ⑨ $2\frac{4}{25}$ ⑩ $2\frac{13}{15}$ ⑪ $5\frac{1}{3}$ ⑫ $9\frac{1}{2}$ ⑬ $1\frac{1}{46}$ ⑭ $1\frac{1}{50}$

⑮ $1\frac{1}{78}$ ⑯ $1\frac{1}{70}$ ⑰ $1\frac{1}{11}$ ⑱ $3\frac{1}{11}$ ⑲ 2 ⑳ $2\frac{22}{23}$

112~04

① 58 ② 30 ③ $1\frac{3}{16}$ ④ $1\frac{3}{4}$ ⑤ $1\frac{17}{21}$ ⑥ $1\frac{19}{22}$ ⑦ $3\frac{6}{13}$

⑧ 3 ⑨ $2\frac{7}{16}$ ⑩ $2\frac{1}{10}$ ⑪ 22 ⑫ 33 ⑬ $1\frac{1}{26}$ ⑭ $1\frac{1}{38}$

⑮ $1\frac{1}{42}$ ⑯ $\frac{32}{33}$ ⑰ $1\frac{21}{25}$ ⑱ $2\frac{6}{31}$ ⑲ $2\frac{5}{17}$ ⑳ $\frac{3}{65}$

112~09

① 18 ② 50 ③ $1\frac{1}{2}$ ④ $1\frac{5}{7}$ ⑤ $1\frac{7}{13}$ ⑥ $1\frac{13}{17}$ ⑦ $3\frac{12}{23}$

⑧ 2 ⑨ $1\frac{1}{14}$ ⑩ 3 ⑪ 57 ⑫ $5\frac{5}{6}$ ⑬ $1\frac{3}{5}$ ⑭ $1\frac{13}{15}$

⑮ $1\frac{13}{17}$ ⑯ $1\frac{37}{40}$ ⑰ $3\frac{19}{22}$ ⑱ $5\frac{28}{45}$ ⑲ $1\frac{17}{53}$ ⑳ $1\frac{3}{61}$

112~05

① 25 ② 39 ③ $1\frac{4}{7}$ ④ $1\frac{7}{9}$ ⑤ $1\frac{17}{20}$ ⑥ $1\frac{3}{44}$ ⑦ $2\frac{5}{39}$

⑧ $1\frac{1}{6}$ ⑨ $3\frac{12}{17}$ ⑩ $4\frac{1}{20}$ ⑪ 30 ⑫ 56 ⑬ $1\frac{1}{16}$ ⑭ $1\frac{1}{34}$

⑮ $1\frac{1}{42}$ ⑯ 1 ⑰ $1\frac{23}{25}$ ⑱ 3 ⑲ $2\frac{7}{8}$ ⑳ $1\frac{8}{27}$

112~10

① 65 ② $13\frac{1}{2}$ ③ $1\frac{3}{5}$ ④ $1\frac{5}{7}$ ⑤ $1\frac{4}{5}$ ⑥ $3\frac{6}{13}$ ⑦ 2

⑧ $1\frac{31}{35}$ ⑨ $1\frac{43}{47}$ ⑩ $1\frac{33}{35}$ ⑪ 33 ⑫ $2\frac{1}{9}$ ⑬ $1\frac{2}{3}$ ⑭ $1\frac{7}{9}$

⑮ $1\frac{13}{15}$ ⑯ $1\frac{21}{32}$ ⑰ $2\frac{8}{35}$ ⑱ $1\frac{49}{53}$ ⑲ $1\frac{1}{7}$ ⑳ $1\frac{43}{48}$

113~01
① 2 ② 2 ③ $\frac{8}{9}$ ④ $\frac{12}{13}$ ⑤ $\frac{14}{15}$ ⑥ $\frac{27}{29}$ ⑦ $\frac{15}{16}$ ⑧ $\frac{20}{21}$
⑨ $\frac{49}{51}$ ⑩ $\frac{57}{59}$ ⑪ $\frac{61}{63}$ ⑫ $\frac{63}{65}$ ⑬ $1\frac{1}{2}$ ⑭ $\frac{15}{17}$ ⑮ $\frac{19}{21}$ ⑯ $\frac{23}{24}$
⑰ 1 ⑱ $\frac{33}{34}$ ⑲ $\frac{36}{37}$ ⑳ 1 ㉑ $\frac{47}{48}$ ㉒ 1 ㉓ $\frac{53}{54}$ ㉔ $\frac{56}{57}$

113~06
① $\frac{1}{64}$ ② $\frac{6}{7}$ ③ $\frac{25}{28}$ ④ $\frac{12}{13}$ ⑤ 1 ⑥ $\frac{33}{41}$ ⑦ $\frac{43}{51}$ ⑧ $\frac{51}{56}$
⑨ $\frac{46}{47}$ ⑩ $\frac{47}{52}$ ⑪ $\frac{56}{57}$ ⑫ $\frac{63}{64}$ ⑬ 6 ⑭ $\frac{5}{7}$ ⑮ $\frac{16}{19}$ ⑯ $\frac{24}{29}$
⑰ $\frac{9}{10}$ ⑱ $\frac{31}{36}$ ⑲ $\frac{41}{42}$ ⑳ 1 ㉑ 1 ㉒ $\frac{53}{54}$ ㉓ 1 ㉔ $\frac{9}{10}$

113~02
① $\frac{1}{45}$ ② $\frac{4}{5}$ ③ $\frac{20}{21}$ ④ $\frac{17}{18}$ ⑤ $\frac{22}{23}$ ⑥ $\frac{26}{27}$ ⑦ $\frac{33}{34}$ ⑧ $\frac{44}{45}$
⑨ $\frac{53}{54}$ ⑩ $\frac{57}{58}$ ⑪ $\frac{61}{62}$ ⑫ $\frac{62}{63}$ ⑬ $\frac{1}{2}$ ⑭ 1 ⑮ $\frac{14}{17}$ ⑯ $\frac{15}{16}$
⑰ $\frac{34}{39}$ ⑱ $\frac{29}{30}$ ⑲ $\frac{36}{37}$ ⑳ $\frac{64}{69}$ ㉑ $\frac{76}{81}$ ㉒ $\frac{41}{42}$ ㉓ $\frac{65}{66}$ ㉔ $\frac{66}{67}$

113~07
① $\frac{1}{24}$ ② $\frac{5}{6}$ ③ $\frac{11}{12}$ ④ $\frac{15}{16}$ ⑤ $\frac{17}{18}$ ⑥ $\frac{23}{24}$ ⑦ $\frac{26}{27}$ ⑧ $\frac{35}{36}$
⑨ $\frac{43}{44}$ ⑩ 1 ⑪ $\frac{19}{21}$ ⑫ $\frac{85}{93}$ ⑬ 5 ⑭ $\frac{2}{3}$ ⑮ $\frac{13}{21}$ ⑯ $\frac{10}{17}$
⑰ $\frac{21}{26}$ ⑱ $\frac{23}{28}$ ⑲ 1 ⑳ $\frac{43}{46}$ ㉑ 1 ㉒ $\frac{54}{55}$ ㉓ $\frac{8}{9}$ ㉔ $\frac{60}{67}$

113~03
① $\frac{1}{9}$ ② 1 ③ $\frac{10}{21}$ ④ $\frac{17}{20}$ ⑤ $\frac{23}{28}$ ⑥ $\frac{3}{4}$ ⑦ $\frac{44}{45}$ ⑧ $\frac{6}{7}$
⑨ $\frac{53}{54}$ ⑩ $\frac{52}{55}$ ⑪ $\frac{44}{45}$ ⑫ $\frac{21}{23}$ ⑬ $\frac{1}{16}$ ⑭ $\frac{11}{12}$ ⑮ $\frac{2}{3}$ ⑯ $\frac{23}{24}$
⑰ $\frac{29}{30}$ ⑱ $\frac{42}{43}$ ⑲ 1 ⑳ $\frac{46}{55}$ ㉑ $\frac{63}{64}$ ㉒ $\frac{65}{66}$ ㉓ $\frac{61}{68}$ ㉔ $\frac{62}{69}$

113~08
① $\frac{1}{54}$ ② $\frac{7}{15}$ ③ $\frac{11}{12}$ ④ $\frac{21}{22}$ ⑤ $\frac{25}{26}$ ⑥ 1 ⑦ $\frac{34}{39}$ ⑧ $\frac{38}{43}$
⑨ $\frac{51}{52}$ ⑩ 1 ⑪ 1 ⑫ $\frac{72}{73}$ ⑬ 5 ⑭ 25 ⑮ $\frac{23}{24}$ ⑯ $\frac{31}{32}$
⑰ $\frac{37}{38}$ ⑱ $\frac{45}{46}$ ⑲ 1 ⑳ $\frac{79}{81}$ ㉑ $\frac{81}{83}$ ㉒ 1 ㉓ 1 ㉔ $\frac{87}{91}$

113~04
① $\frac{1}{28}$ ② $\frac{2}{3}$ ③ $\frac{8}{19}$ ④ $\frac{8}{9}$ ⑤ $\frac{17}{18}$ ⑥ $\frac{21}{22}$ ⑦ $\frac{31}{39}$ ⑧ $\frac{31}{32}$
⑨ $\frac{51}{53}$ ⑩ $\frac{33}{34}$ ⑪ $\frac{8}{9}$ ⑫ $\frac{38}{39}$ ⑬ $1\frac{1}{2}$ ⑭ $\frac{5}{6}$ ⑮ $\frac{6}{7}$ ⑯ $\frac{29}{36}$
⑰ $\frac{33}{35}$ ⑱ $\frac{31}{32}$ ⑲ $\frac{35}{38}$ ⑳ $\frac{41}{46}$ ㉑ $\frac{46}{49}$ ㉒ $\frac{55}{56}$ ㉓ $\frac{87}{89}$ ㉔ $\frac{93}{98}$

113~09
① 4 ② $\frac{5}{6}$ ③ $\frac{19}{21}$ ④ $\frac{11}{12}$ ⑤ $\frac{19}{20}$ ⑥ $\frac{25}{26}$ ⑦ $\frac{31}{32}$ ⑧ $\frac{44}{45}$
⑨ $\frac{46}{47}$ ⑩ 1 ⑪ 1 ⑫ $\frac{63}{64}$ ⑬ 2 ⑭ 1 ⑮ $\frac{17}{18}$ ⑯ $\frac{23}{24}$
⑰ $\frac{33}{34}$ ⑱ $\frac{38}{39}$ ⑲ $\frac{42}{43}$ ⑳ $\frac{51}{52}$ ㉑ $\frac{57}{58}$ ㉒ 1 ㉓ $\frac{58}{63}$ ㉔ $\frac{62}{67}$

113~05
① 15 ② 1 ③ $\frac{9}{10}$ ④ $\frac{22}{27}$ ⑤ $\frac{31}{39}$ ⑥ $\frac{23}{24}$ ⑦ 1 ⑧ $\frac{32}{33}$
⑨ $\frac{42}{43}$ ⑩ 1 ⑪ $\frac{46}{53}$ ⑫ $\frac{54}{55}$ ⑬ 4 ⑭ $\frac{19}{21}$ ⑮ $\frac{25}{27}$ ⑯ $\frac{31}{33}$
⑰ $\frac{46}{51}$ ⑱ $\frac{38}{39}$ ⑲ $\frac{46}{47}$ ⑳ $\frac{53}{54}$ ㉑ $\frac{55}{56}$ ㉒ $\frac{58}{59}$ ㉓ $\frac{58}{63}$ ㉔ $\frac{62}{69}$

113~10
① $\frac{1}{45}$ ② 4 ③ $\frac{1}{21}$ ④ $\frac{17}{18}$ ⑤ $\frac{23}{24}$ ⑥ 1 ⑦ $\frac{37}{38}$ ⑧ $\frac{43}{48}$
⑨ $\frac{55}{56}$ ⑩ $\frac{58}{59}$ ⑪ $\frac{55}{64}$ ⑫ $\frac{62}{71}$ ⑬ $\frac{1}{80}$ ⑭ 2 ⑮ $\frac{2}{3}$ ⑯ $\frac{18}{19}$
⑰ $\frac{25}{26}$ ⑱ $\frac{33}{34}$ ⑲ $\frac{45}{46}$ ⑳ 1 ㉑ $\frac{85}{87}$ ㉒ $\frac{89}{90}$ ㉓ $\frac{81}{95}$ ㉔ $\frac{47}{51}$

114~01
① $\frac{1}{2}$ ② $\frac{2}{3}$ ③ $\frac{3}{10}$ ④ $2\frac{1}{7}$ ⑤ $2\frac{1}{9}$ ⑥ 2 ⑦ $1\frac{11}{13}$
⑧ $1\frac{6}{7}$ ⑨ $1\frac{13}{15}$ ⑩ $1\frac{7}{8}$ ⑪ $\frac{1}{4}$ ⑫ $2\frac{1}{2}$ ⑬ 3 ⑭ 3
⑮ 2 ⑯ $1\frac{1}{13}$ ⑰ 1 ⑱ $\frac{21}{23}$ ⑲ $\frac{31}{33}$ ⑳ $\frac{33}{34}$

114~06
① $\frac{1}{6}$ ② $\frac{1}{8}$ ③ $2\frac{1}{5}$ ④ $2\frac{1}{8}$ ⑤ $2\frac{3}{10}$ ⑥ 2 ⑦ $1\frac{2}{3}$
⑧ $1\frac{19}{22}$ ⑨ $1\frac{21}{26}$ ⑩ $1\frac{23}{30}$ ⑪ $\frac{1}{6}$ ⑫ $\frac{1}{14}$ ⑬ $2\frac{1}{2}$ ⑭ $2\frac{1}{10}$
⑮ 2 ⑯ 99 ⑰ $1\frac{37}{41}$ ⑱ $1\frac{11}{12}$ ⑲ $1\frac{11}{13}$ ⑳ $1\frac{11}{14}$

114~02
① $\frac{1}{8}$ ② $\frac{1}{12}$ ③ $\frac{1}{12}$ ④ 2 ⑤ $1\frac{19}{20}$ ⑥ 2 ⑦ $1\frac{1}{22}$
⑧ $1\frac{1}{30}$ ⑨ $1\frac{1}{34}$ ⑩ $1\frac{1}{38}$ ⑪ $\frac{1}{6}$ ⑫ $\frac{1}{10}$ ⑬ 3 ⑭ 3
⑮ 2 ⑯ 2 ⑰ $1\frac{10}{11}$ ⑱ $1\frac{4}{45}$ ⑲ $1\frac{25}{29}$ ⑳ $\frac{14}{15}$

114~07
① $\frac{1}{10}$ ② $\frac{1}{6}$ ③ 9 ④ $3\frac{5}{7}$ ⑤ $1\frac{33}{35}$ ⑥ $1\frac{37}{39}$ ⑦ $1\frac{21}{25}$
⑧ $1\frac{25}{29}$ ⑨ $1\frac{29}{33}$ ⑩ $1\frac{33}{37}$ ⑪ $\frac{1}{8}$ ⑫ $\frac{1}{12}$ ⑬ $1\frac{22}{23}$ ⑭ 2
⑮ $1\frac{37}{38}$ ⑯ $1\frac{43}{44}$ ⑰ $2\frac{26}{29}$ ⑱ $2\frac{29}{32}$ ⑲ $2\frac{44}{49}$ ⑳ $2\frac{73}{79}$

114~03
① $\frac{1}{4}$ ② $\frac{1}{12}$ ③ 2 ④ $2\frac{1}{8}$ ⑤ $2\frac{1}{11}$ ⑥ $2\frac{7}{10}$ ⑦ $1\frac{14}{17}$
⑧ $1\frac{8}{9}$ ⑨ $1\frac{9}{10}$ ⑩ 1 ⑪ $\frac{1}{6}$ ⑫ $\frac{3}{4}$ ⑬ $1\frac{9}{10}$ ⑭ $2\frac{8}{13}$
⑮ $4\frac{3}{4}$ ⑯ $3\frac{1}{3}$ ⑰ $\frac{56}{57}$ ⑱ $2\frac{8}{15}$ ⑲ $1\frac{1}{48}$ ⑳ $\frac{24}{25}$

114~08
① $\frac{1}{12}$ ② $\frac{3}{10}$ ③ $2\frac{4}{9}$ ④ $1\frac{22}{23}$ ⑤ $3\frac{14}{27}$ ⑥ $1\frac{37}{38}$ ⑦ $1\frac{13}{18}$
⑧ $1\frac{33}{37}$ ⑨ $1\frac{35}{39}$ ⑩ $1\frac{39}{43}$ ⑪ $\frac{1}{6}$ ⑫ $\frac{1}{18}$ ⑬ $3\frac{7}{11}$ ⑭ $1\frac{31}{32}$
⑮ $1\frac{49}{51}$ ⑯ $1\frac{38}{43}$ ⑰ $2\frac{43}{49}$ ⑱ $2\frac{55}{61}$ ⑲ $2\frac{32}{35}$ ⑳ $2\frac{46}{51}$

114~04
① $\frac{1}{8}$ ② $\frac{1}{10}$ ③ $1\frac{9}{13}$ ④ $4\frac{2}{9}$ ⑤ $2\frac{2}{11}$ ⑥ $3\frac{5}{13}$ ⑦ 1
⑧ $1\frac{4}{5}$ ⑨ $1\frac{19}{24}$ ⑩ $1\frac{19}{25}$ ⑪ $\frac{1}{6}$ ⑫ $\frac{1}{3}$ ⑬ $2\frac{1}{2}$ ⑭ $1\frac{3}{10}$
⑮ $1\frac{1}{4}$ ⑯ $1\frac{3}{14}$ ⑰ $\frac{14}{25}$ ⑱ $\frac{22}{23}$ ⑲ $\frac{24}{25}$ ⑳ $\frac{26}{27}$

114~09
① $\frac{1}{6}$ ② $\frac{3}{14}$ ③ $1\frac{19}{20}$ ④ $1\frac{22}{23}$ ⑤ $1\frac{33}{35}$ ⑥ $1\frac{34}{35}$ ⑦ $1\frac{25}{28}$
⑧ $1\frac{29}{32}$ ⑨ $1\frac{35}{38}$ ⑩ $1\frac{39}{43}$ ⑪ $\frac{1}{10}$ ⑫ $\frac{1}{24}$ ⑬ $1\frac{16}{17}$ ⑭ 2
⑮ $1\frac{17}{19}$ ⑯ $1\frac{43}{44}$ ⑰ $1\frac{31}{35}$ ⑱ $2\frac{61}{67}$ ⑲ $2\frac{46}{51}$ ⑳ $2\frac{10}{11}$

114~05
① $\frac{1}{12}$ ② $\frac{1}{15}$ ③ $1\frac{16}{17}$ ④ 2 ⑤ $2\frac{3}{11}$ ⑥ $2\frac{1}{12}$ ⑦ $1\frac{13}{16}$
⑧ $1\frac{13}{17}$ ⑨ $1\frac{17}{23}$ ⑩ $1\frac{17}{25}$ ⑪ $\frac{1}{8}$ ⑫ $\frac{1}{6}$ ⑬ $3\frac{1}{5}$ ⑭ $2\frac{4}{17}$
⑮ 2 ⑯ $1\frac{40}{41}$ ⑰ $1\frac{7}{8}$ ⑱ $1\frac{17}{20}$ ⑲ $1\frac{19}{22}$ ⑳ $1\frac{22}{25}$

114~10
① $\frac{1}{6}$ ② $\frac{1}{10}$ ③ $1\frac{19}{20}$ ④ $1\frac{19}{23}$ ⑤ $1\frac{33}{35}$ ⑥ $1\frac{21}{25}$ ⑦ $1\frac{2}{27}$
⑧ $1\frac{1}{34}$ ⑨ $1\frac{2}{45}$ ⑩ $1\frac{2}{51}$ ⑪ $\frac{1}{8}$ ⑫ $\frac{1}{12}$ ⑬ $1\frac{9}{13}$ ⑭ $1\frac{29}{35}$
⑮ $1\frac{31}{32}$ ⑯ $1\frac{65}{67}$ ⑰ $2\frac{13}{15}$ ⑱ $2\frac{15}{17}$ ⑲ $2\frac{9}{10}$ ⑳ $2\frac{19}{21}$

115~01

① $3\frac{1}{16}$　② $\frac{4}{9}$　③ $4\frac{5}{32}$　④ 5　⑤ $\frac{3}{7}$

⑥ 2　⑦ $\frac{13}{16}$　⑧ $3\frac{3}{8}$　⑨ $2\frac{3}{5}$　⑩ $1\frac{18}{49}$

115~02

① $16\frac{1}{3}$　② $1\frac{1}{6}$　③ $1\frac{1}{18}$　④ $3\frac{5}{9}$　⑤ $\frac{21}{67}$

⑥ $1\frac{3}{20}$　⑦ $2\frac{1}{4}$　⑧ $2\frac{1}{3}$　⑨ $2\frac{1}{12}$　⑩ $1\frac{3}{7}$

115~03

① 45　② $3\frac{3}{5}$　③ $5\frac{7}{16}$　④ $1\frac{9}{13}$　⑤ $2\frac{9}{28}$

⑥ $1\frac{7}{10}$　⑦ $\frac{5}{11}$　⑧ $\frac{1}{2}$　⑨ $1\frac{13}{15}$　⑩ $\frac{41}{44}$

115~04

① 30　② $3\frac{4}{5}$　③ $2\frac{10}{13}$　④ $3\frac{4}{23}$　⑤ $3\frac{3}{13}$

⑥ $\frac{21}{23}$　⑦ $4\frac{9}{26}$　⑧ $1\frac{5}{21}$　⑨ $\frac{11}{37}$　⑩ $2\frac{1}{13}$

115~05

① $2\frac{2}{5}$　② $\frac{1}{18}$　③ $4\frac{1}{12}$　④ $1\frac{1}{13}$　⑤ $2\frac{4}{17}$

⑥ $\frac{1}{10}$　⑦ $\frac{1}{5}$　⑧ $1\frac{1}{4}$　⑨ 5　⑩ $3\frac{7}{45}$

115~06

① $3\frac{23}{27}$　② $\frac{7}{8}$　③ $1\frac{1}{3}$　④ $5\frac{2}{5}$　⑤ $1\frac{1}{6}$

⑥ $1\frac{5}{13}$　⑦ $2\frac{6}{19}$　⑧ $2\frac{13}{14}$　⑨ $4\frac{2}{11}$　⑩ $1\frac{25}{26}$

115~07

① $4\frac{1}{3}$　② $1\frac{11}{12}$　③ $1\frac{1}{5}$　④ $2\frac{4}{11}$　⑤ $2\frac{1}{2}$

⑥ $1\frac{7}{32}$　⑦ 4　⑧ $\frac{3}{10}$　⑨ $\frac{18}{57}$　⑩ $2\frac{5}{9}$

115~08

① 2　② $2\frac{14}{17}$　③ $1\frac{1}{2}$　④ $\frac{30}{31}$　⑤ $2\frac{12}{17}$

⑥ $\frac{4}{17}$　⑦ $1\frac{1}{2}$　⑧ $2\frac{13}{25}$　⑨ $4\frac{11}{17}$　⑩ $\frac{26}{27}$

115~09

① $3\frac{6}{17}$　② $3\frac{3}{8}$　③ $2\frac{7}{10}$　④ $\frac{12}{13}$　⑤ $2\frac{19}{46}$

⑥ $1\frac{1}{3}$　⑦ $3\frac{3}{7}$　⑧ $1\frac{33}{34}$　⑨ $5\frac{1}{5}$　⑩ 6

115~10

① $2\frac{1}{8}$　② $2\frac{33}{34}$　③ $4\frac{1}{5}$　④ $4\frac{1}{2}$　⑤ $2\frac{11}{21}$

⑥ $1\frac{3}{17}$　⑦ $3\frac{8}{11}$　⑧ $\frac{4}{33}$　⑨ $4\frac{1}{16}$　⑩ $4\frac{1}{23}$

116~01
① 0.8　② 8.5　③ 0.08　④ 1.05
⑤ 0.84　⑥ 1.35　⑦ 2.24　⑧ 2.7
⑨ 14.4　⑩ 13.23　⑪ 8.64　⑫ 12.96
⑬ 37.17　⑭ 77.43　⑮ 88.35　⑯ 70.5

116~06
① 10.2　② 22.4　③ 0.78　④ 4.68
⑤ 5.6　⑥ 8.46　⑦ 16.65　⑧ 13.52
⑨ 24.57　⑩ 36.54　⑪ 47.45　⑫ 64.08
⑬ 46.62　⑭ 69.42　⑮ 87.4　⑯ 80.51

116~02
① 2.8　② 22.2　③ 0.6　④ 0.72
⑤ 1.2　⑥ 3.33　⑦ 1.05　⑧ 8
⑨ 28.35　⑩ 10.36　⑪ 9　⑫ 16.53
⑬ 45.36　⑭ 30.45　⑮ 59.85　⑯ 67.76

116~07
① 4.5　② 22.4　③ 0.56　④ 2.88
⑤ 4.95　⑥ 10.92　⑦ 16.45　⑧ 15.37
⑨ 15.19　⑩ 21.32　⑪ 40.02　⑫ 49.68
⑬ 50.73　⑭ 46.62　⑮ 75.65　⑯ 91.18

116~03
① 7.2　② 17.5　③ 0.98　④ 2.88
⑤ 2.7　⑥ 4.25　⑦ 14.7　⑧ 13.72
⑨ 28.98　⑩ 27.36　⑪ 54.94　⑫ 35.88
⑬ 80.91　⑭ 86.45　⑮ 70.08　⑯ 50.73

116~08
① 3.6　② 25.2　③ 0.84　④ 2.8
⑤ 9.8　⑥ 13.05　⑦ 15.48　⑧ 6.09
⑨ 39.1　⑩ 47.25　⑪ 32.76　⑫ 43.24
⑬ 61.5　⑭ 57.96　⑮ 80.99　⑯ 89.28

116~04
① 5.6　② 21　③ 2　④ 1.71
⑤ 4.94　⑥ 15.75　⑦ 10.36　⑧ 11.18
⑨ 50.92　⑩ 59.76　⑪ 53.82　⑫ 57.2
⑬ 79.05　⑭ 16.65　⑮ 52.08　⑯ 61.2

116~09
① 3.5　② 25.8　③ 0.91　④ 9
⑤ 8.36　⑥ 9.8　⑦ 13.12　⑧ 32.48
⑨ 28.98　⑩ 53.95　⑪ 17.55　⑫ 43.61
⑬ 63.24　⑭ 84.55　⑮ 64.5　⑯ 63.48

116~05
① 20　② 35.1　③ 1.75　④ 7.05
⑤ 10.36　⑥ 25.48　⑦ 10.92　⑧ 30.34
⑨ 25.52　⑩ 30.87　⑪ 21.75　⑫ 31.85
⑬ 80.04　⑭ 50.56　⑮ 34.2　⑯ 85.44

116~10
① 4.8　② 35.1　③ 4.05　④ 3.15
⑤ 2.55　⑥ 9　⑦ 16.1　⑧ 34.84
⑨ 23.56　⑩ 39.99　⑪ 41.8　⑫ 29.16
⑬ 70.5　⑭ 60.52　⑮ 90.21　⑯ 36.1

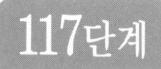

117~01

① 0.0018　② 0.0045　③ 0.0648
④ 0.2808　⑤ 16.687　⑥ 108.813
⑦ 20.8　⑧ 149.24　⑨ 195.228
⑩ 145.23　⑪ 4.9132　⑫ 87.309

117~02

① 0.0062　② 0.296　③ 1.7182
④ 16.695　⑤ 3.2589　⑥ 103.251
⑦ 32.376　⑧ 796.965　⑨ 392.49
⑩ 765.555　⑪ 776.25　⑫ 256.332

117~03

① 0.147　② 0.1829　③ 0.1971
④ 0.4257　⑤ 5.624　⑥ 11.0075
⑦ 80.941　⑧ 18.467　⑨ 16.185
⑩ 6.856　⑪ 16.275　⑫ 144.585

117~04

① 0.0126　② 0.168　③ 0.1015
④ 0.8775　⑤ 3.9　⑥ 0.9583
⑦ 16.013　⑧ 80.408　⑨ 22.791
⑩ 36.61　⑪ 1319.43　⑫ 13.572

117~05

① 0.248　② 0.1073　③ 0.0612
④ 1.0625　⑤ 1.215　⑥ 15.0804
⑦ 18.7039　⑧ 48.822　⑨ 79.373
⑩ 125.563　⑪ 17.115　⑫ 98.23

117~06

① 0.0248　② 0.0672　③ 0.3504
④ 1.8625　⑤ 9.9592　⑥ 24.4192
⑦ 24.462　⑧ 30.09　⑨ 21.646
⑩ 7.335　⑪ 151.011　⑫ 20.748

117~07

① 0.0105　② 2.6649　③ 11.4176
④ 4.0584　⑤ 40.194　⑥ 38.913
⑦ 21.4964　⑧ 54.824　⑨ 44.678
⑩ 2.9748　⑪ 241.827　⑫ 269.28

117~08

① 0.018　② 0.3362　③ 0.0957
④ 4.0376　⑤ 9.44　⑥ 38.88
⑦ 76.797　⑧ 63.838　⑨ 57.138
⑩ 180.948　⑪ 164.227　⑫ 53.3314

117~09

① 0.0351　② 0.0352　③ 2.6572
④ 2.4633　⑤ 75.943　⑥ 188.94
⑦ 17.8002　⑧ 180.467　⑨ 3.7925
⑩ 110.748　⑪ 34.0554　⑫ 48.308

117~10

① 0.0088　② 0.1917　③ 28.3318
④ 2.6481　⑤ 15.2892　⑥ 5.2234
⑦ 191.35　⑧ 433.58　⑨ 11.973
⑩ 18.582　⑪ 288.84　⑫ 74.052

118~01
① 103 ② 9.5 ③ 36 ④ 36
⑤ 2.6 ⑥ 2.5 ⑦ 1.2 ⑧ 6
⑨ 3 ⑩ 1.5 ⑪ 5.6 ⑫ 0.8

118~02
① 5.5 ② 12 ③ 0.9 ④ 0.7
⑤ 31 ⑥ 12 ⑦ 0.71 ⑧ 23
⑨ 12.5 ⑩ 23 ⑪ 2.1 ⑫ 0.3

118~03
① 56 ② 12.4 ③ 0.02 ④ 1.5
⑤ 6 ⑥ 2.2 ⑦ 12 ⑧ 10.5
⑨ 0.21 ⑩ 1.2 ⑪ 3 ⑫ 0.6

118~04
① 23 ② 55 ③ 0.6 ④ 2.3
⑤ 13 ⑥ 2.4 ⑦ 24 ⑧ 0.7
⑨ 11 ⑩ 4.5 ⑪ 3.9 ⑫ 9

118~05
① 31.2 ② 12.4 ③ 6 ④ 3.2
⑤ 31 ⑥ 3.2 ⑦ 0.19 ⑧ 3.05
⑨ 12 ⑩ 0.9 ⑪ 4 ⑫ 3.5

118~06
① 57.6 ② 5.2 ③ 13 ④ 15.5
⑤ 11 ⑥ 5 ⑦ 0.56 ⑧ 12.2
⑨ 3.1 ⑩ 1.3 ⑪ 9 ⑫ 0.65

118~07
① 8.6 ② 6.3 ③ 0.3 ④ 1.3
⑤ 2.6 ⑥ 23.1 ⑦ 2.3 ⑧ 12
⑨ 0.5 ⑩ 6 ⑪ 0.23 ⑫ 1.2

118~08
① 3.2 ② 4.3 ③ 11 ④ 1.8
⑤ 13 ⑥ 0.5 ⑦ 3.1 ⑧ 5.5
⑨ 16 ⑩ 0.71 ⑪ 8.4 ⑫ 0.65

118~09
① 1.6 ② 21 ③ 0.5 ④ 3
⑤ 12.3 ⑥ 1.3 ⑦ 0.42 ⑧ 12
⑨ 0.33 ⑩ 1.4 ⑪ 3.2 ⑫ 0.9

118~10
① 12.2 ② 31 ③ 5.4 ④ 0.31
⑤ 13 ⑥ 1.2 ⑦ 3.4 ⑧ 0.24
⑨ 0.6 ⑩ 0.2 ⑪ 1.3 ⑫ 1.1

5분 문장제　분수와 소수의 곱셈과 나눗셈 (종합)

1. 수진이는 전체가 192쪽인 과학책을 $\frac{5}{24}$ 만큼 읽었습니다. 수진이는 과학책을 몇 쪽 읽었습니까?

   식: _____　　답: _____ 쪽

2. 진주는 초코파이 1상자에서 $\frac{2}{3}$ 를 먹고 50개를 남겼습니다. 진주가 산 초코파이 1상자에는 몇 개가 들어 있었습니까?

   식: _____　　답: _____ 개

3. 주스통에 주스가 $\frac{1}{3}$ L 들어 있습니다. 그 중 $\frac{1}{7}$ L를 마셨다면, 마신 주스는 몇 L입니까?

   식: _____　　답: _____ L

4.　수박 1통의 무게는 3.15g입니다. 수박 $\frac{1}{3}$ 만큼의 무게는 몇 g인지 소수로 나타내시오.

식: _____　답: _____ g

5.　가로가 $4\frac{4}{5}$ m이고, 세로가 $3\frac{5}{9}$ m인 돗자리의 넓이는 몇 m² 인지 분수로 나타내시오.

식: _____　답: _____ m²

6.　어떤 자전거가 1분에 0.7km를 이동한다면, 같은 속도로 $1\frac{2}{3}$ 분 동안 이동한 거리는 몇 km인지 분수로 나타내시오.

식: _____　답: _____ km

7. 밑변이 $1\frac{3}{4}$ cm, 높이가 $2\frac{2}{7}$ cm인 평행사변형의 넓이는 몇 cm²입니까?

    식: _____   답: _____ cm²

8. 집에서 우체국까지의 거리는 $2\frac{2}{15}$ km이고, 집에서 학교까지의 거리는 집에서 우체국까지의 거리의 $1\frac{3}{8}$ 배라고 합니다. 집에서 학교까지의 거리는 몇 km입니까?

    식: _____   답: _____ km

9. 호영이는 $\frac{5}{8}$ 시간 동안 $\frac{7}{9}$ km를 걸었습니다. 같은 빠르기로 한 시간 동안 걸으면, 몇 km를 갈 수 있습니까?

    식: _____   답: _____ km

10. $\frac{4}{7}$ L의 식용유가 있습니다. 이것을 한 병에 $\frac{4}{21}$ L씩 담는다면, 병은 모두 몇 개 필요합니까?

　　　식 : _____　　　답 : _____ 개

11. 넓이가 $\frac{4}{5}$ m² 인 평행사변형이 있습니다. 이 평행사변형의 밑변의 길이가 $\frac{4}{7}$ m일 때, 높이는 몇 m입니까?

　　　식 : _____　　　답 : _____ m

12. 선물 상자 한 개를 포장하는 데 $\frac{4}{25}$ m의 끈이 든다면, 끈 $\frac{4}{5}$ m로는 선물 상자를 몇 개 포장할 수 있습니까?

　　　식 : _____　　　답 : _____ 개

13. 한 장의 무게가 $4\frac{2}{5}$ kg인 합판이 여러 장 쌓여 있습니다. 전체의 무게를 달아보니 $79\frac{1}{5}$ kg이었습니다. 합판은 모두 몇 장이 쌓여 있습니까?

　　식 :　　　　　　　　　　　　　　답 :　　　　kg

14. 소금 $6\frac{2}{5}$ kg을 한 봉지에 1.6kg씩 나누어 담으려고 합니다. 봉지는 모두 몇 개 있어야 합니까?

　　식 :　　　　　　　　　　　　　　답 :　　　　개

15. $\frac{5}{7}$ L의 휘발유로 $6\frac{1}{4}$ km를 가는 버스가 있습니다. 이 버스는 1L의 휘발유로 몇 km를 갈 수 있습니까?

　　식 :　　　　　　　　　　　　　　답 :　　　　km

16. 어느 중학교에 200명의 학생 중 $\dfrac{3}{8}$명이 핸드폰을 가지고 있습니다. 핸드폰을 가지고 있는 학생은 몇 명입니까?

식: _____　답: _____ 명

17. 물 $\dfrac{3}{8}$L가 들어 있는 물통에 $\dfrac{1}{6}$L의 물을 더 채웠습니다. 이와 같은 물통이 3개 있다면, 물통에 들어 있는 물은 모두 몇 L입니까?

식: _____　답: _____ L

18. 케이크 1개를 4조각으로 잘랐습니다. 케이크 5개를 10명이 똑같이 나누어 먹었다면, 한 사람이 먹은 케이크은 몇 조각입니까?

식: _____　답: _____ 조각

19. 경주의 몸무게는 21.2kg이고 엄마는 63.6kg입니다
    엄마의 몸무게는 경주의 몇 배입니까?

    식: _____   답: _____ 배

20. 어느 서점에서 오늘 팔린 동화책은 210권입니다. 어
    제는 오늘 판매한 양의 $\dfrac{3}{2}$배를 팔았다면, 어제는 동화
    책을 몇 권 판매했습니까?

    식: _____   답: _____ 권

21. 가로가 3.4m, 세로가 6m인 직사각형 모양의 땅이 있습
    니다. 이 땅의 넓이는 몇 m²입니까?

    식: _____   답: _____ m²

22. 1개의 무게가 4.17kg인 철근이 있습니다. 이 철근 8개의 무게는 몇 kg입니까?

식:　　　　　　　　　　　　　답:　　　　 kg

23. 가로가 1.89m, 세로가 4.2m인 직사각형 모양의 꽃밭이 있습니다. 이 꽃밭의 넓이는 몇 m²입니까?

식:　　　　　　　　　　　　　답:　　　　 m²

24. 소리는 1초 동안 공기 중에서 0.34km를 간다고 합니다. 번개를 보고 나서 7.8초 후에 천둥소리를 들었다면, 소리를 들은 곳은 번개 친 곳에서 몇 km 떨어져 있습니까?

식:　　　　　　　　　　　　　답:　　　　 km

25. 서울에서 광주까지 가는 새마을호 열차는 한 시간에 98.6km를 간다고 합니다. 이 기차로 서울에서 광주까지 3시간 30분이 걸렸다면 서울에서 광주까지의 거리는 몇 km입니까?

식: _____　　답: _____ km

26. 굵기가 같은 철사 1m의 무게는 2.3g입니다. 이 철사 14.8m의 무게는 몇 g입니까?

식: _____　　답: _____ g

27. 세로가 4.09cm이고, 가로가 2.8cm인 색지의 넓이는 몇 cm²입니까?

식: _____　　답: _____ cm²

28. 유민이는 한 시간에 **4.28km**씩 걷는다고 합니다. 같은 빠르기로 **4시간 30분**을 걷는다면, 몇 **km**를 갈 수 있습니까?

식: _____ 답: _____km

29. 길이가 **6.4m**인 리본을 **0.8m**씩 나누려고 합니다. 몇 조각으로 나눌 수 있습니까?

식: _____ 답: _____조각

30. 13.5L 통에 든 물을 1.5L 물통에 나누어 담으려고 합니다. 1.5L 물통 몇 병이 필요합니까?

식: _____ 답: _____병

3l. 영미는 4.5m의 길을 0.5m의 보폭으로 걸으려고 합니다. 길은 처음부터 끝까지 몇 걸음만에 갈 수 있습니까?

식: _____　　　답: _____ 걸음

32. 37.5m짜리 나무 기둥을 l5m씩 자르려고 합니다. 몇 개가 나오고, 몇 m가 남습니까?

식: _____　　　답: _____ 개 _____ m

33. 현진이는 우유 20.83L를 하루에 2.5L씩 마시려고 합니다. 며칠 동안 마실 수 있고, 몇 L가 남습니까?

식: _____　　　답: _____ 일 _____ L

34. 14.25cm의 종이 테이프로 학알을 접으려고 합니다. 한 개의 학알을 접는 데 4.3cm가 필요하다면, 몇 개의 학알을 접고, 몇 cm가 남습니까?

식: _____　　　답: _____ 개 _____ cm

35. 304.3cm짜리 두루마리 휴지가 있습니다. 한 번에 14.3cm씩 쓴다면 몇 번을 쓰고, 몇 cm가 남습니까?

식: _____　　　답: _____ 번 _____ cm

36. 28.33m의 리본을 5.8m씩 잘라 친구들에게 나누어 주려고 합니다. 몇 명에게 나누어 주고, 몇 m가 남습니까?

식: _____　　　답: _____ 명 _____ m

37. 기훈이는 가로의 길이가 1.42m, 세로의 길이가 4.34m, 높이가 1.5m인 직육면체를 만들었습니다. 이 직육면체의 부피는 몇 m³입니까?

식: _____   답: _____ m³

38. 한 시간에 75.6km를 달리는 자동차가 있습니다. 이 자동차로 1km를 달리는 데 0.36L의 기름이 필요하다면, 같은 속도로 2시간 30분 동안 달리는 데 필요한 기름은 몇 L입니까?

식: _____   답: _____ L

39. 어느 운동장의 둘레의 길이가 243.7m입니다. 은수는 이 운동장을 매일 두 바퀴 반씩 일주일 동안 뛰었습니다. 은수가 일주일 동안 뛴 거리는 몇 m입니까?

식: _____   답: _____ m

5분 문장제 **분수와 소수의 곱셈과 나눗셈 (종합)**

40. 28.7cm짜리 노란색 테이프와 54.6cm짜리 파란색 테이프를 이어 붙였습니다. 그런 다음 1.7cm씩 잘랐습니다. 색 테이프는 몇 조각이 되겠습니까?

    식: _____ 답: _____ 조각

41. 집에 소고기 9.38kg이 있었는데 어머니께서 2.82kg을 더 사오셨습니다. 0.3kg씩 나눈다면, 몇 등분이 되고 몇 kg이 남습니까?

    식: _____ 답: ____ 등분 ____ kg

42. 5.5m짜리 철사 2.7개가 있습니다. 6.79m를 더 사왔다면, 철사는 모두 몇 m입니까?

    식: _____ 답: _____ m

① 식 $192 \times \dfrac{5}{24} = 40$

　답 40

② 식 $\square \times \dfrac{1}{3} = 50$, $\square = 150$

　답 150

③ 식 $\dfrac{1}{3} \times \dfrac{1}{7} = \dfrac{1}{21}$

　답 $\dfrac{1}{21}$

④ 식 $3.15 \times \dfrac{1}{3} = 1.05$

　답 1.05

⑤ 식 $4\dfrac{4}{5} \times 3\dfrac{5}{9} = 17\dfrac{1}{15}$

　답 $17\dfrac{1}{15}$

⑥ 식 $0.7 \times 1\dfrac{2}{3} = 1\dfrac{1}{6}$

　답 $1\dfrac{1}{6}$

⑦ 식 $1\dfrac{3}{4} \times 2\dfrac{2}{7} = 4$

　답 4

⑧ 식 $2\dfrac{2}{15} \times 1\dfrac{3}{8} = 2\dfrac{14}{15}$

　답 $2\dfrac{14}{15}$

⑨ 식 $\dfrac{7}{9} \div \dfrac{5}{8} = 1\dfrac{11}{45}$

　답 $1\dfrac{11}{45}$

⑩ 식 $\dfrac{5}{7} \div \dfrac{4}{21} = 3$

　답 3

⑪ 식 $\dfrac{4}{5} \div \dfrac{4}{7} = 1\dfrac{2}{5}$

　답 $1\dfrac{2}{5}$

⑫ 식 $\dfrac{4}{5} \div \dfrac{4}{25} = 5$

　답 5

⑬ 식 $79\dfrac{1}{5} \div 4\dfrac{2}{5} = 18$

　답 18

⑭ 식 $6\dfrac{2}{5} \div 1.6 = 4$

　답 4

⑮ 식 $6\dfrac{1}{4} \div \dfrac{5}{7} = 8\dfrac{3}{4}$

　답 $8\dfrac{3}{4}$

⑯ 식 $200 \times \dfrac{3}{8} = 75$

　답 75

⑰ 식 $\left(\dfrac{3}{8} + \dfrac{1}{6}\right) \times 3 = 1\dfrac{5}{8}$

　답 $1\dfrac{5}{8}$

⑱ 식 $(4 \times 5) \div 10 = 2$

　답 2

⑲ 식 $63.6 \div 21.2 = 3$

　답 3

⑳ 식 $210 \times \dfrac{3}{2} = 315$

　답 315

㉑ 식 3.4 × 6 = 20.4

㉒ 식 4.17 × 8 = 33.36

㉓ 식 1.89 × 4.2 = 7.938

㉔ 식 0.34 × 7.8 = 2.652

㉕ 식 98.6 × 3.5 = 345.1

㉖ 식 2.3 × 14.8 = 34.04

㉗ 식 4.09 × 2.8 = 11.452

㉘ 식 4.28 × 4.5 = 19.26

㉙ 식 6.4 ÷ 0.8 = 8

㉚ 식 13.5 ÷ 1.5 = 9

㉛ 식 4.5 ÷ 0.5 = 9

㉜ 식 37.5 ÷ 15 = 2 … 7.5
답 2개 / 7.5m

㉝ 식 20.83 ÷ 2.5 = 8 … 0.83
답 8일 / 0.83L

㉞ 식 14.25 ÷ 4.3 = 3 … 1.35
답 3개 / 1.35cm

㉟ 식 304.3 ÷ 14.3 = 21 … 4
답 21번 / 4cm

㊱ 식 28.33 ÷ 5.8 = 4 … 5.13
답 4명 / 5.13m

㊲ 식 1.42 × 4.34 × 1.5 = 9.2442

㊳ 식 75.6 × 0.36 × 2.5 = 68.04

㊴ 식 243.7 × 2.5 × 7 = 4264.75

㊵ 식 (28.7 + 54.6) ÷ 1.7 = 49

㊶ 식 (9.38 + 2.82) ÷ 0.3 = 40 … 0.2
답 40등분 / 0.2kg

㊷ 식 5.5 × 2.7 + 6.79 = 21.64

119단계 정답

119~01
① 8.3 ⋯ 0.08   ② 3.3 ⋯ 0.06   ③ 70.7 ⋯ 0.29
④ 32.9 ⋯ 0.04   ⑤ 5.6 ⋯ 0.17   ⑥ 6.6 ⋯ 0.02
⑦ 4.8 ⋯ 0.01   ⑧ 79.3 ⋯ 0.11   ⑨ 6.7 ⋯ 0.41

119~02
① 47 ⋯ 0.01   ② 2.2 ⋯ 0.19   ③ 8.5 ⋯ 1.1
④ 2.9 ⋯ 0.16   ⑤ 2.9 ⋯ 0.63   ⑥ 7.8 ⋯ 0.26
⑦ 8.5 ⋯ 0.17   ⑧ 3 ⋯ 2.1   ⑨ 13 ⋯ 0.41

119~03
① 6.7 ⋯ 0.06   ② 13.4 ⋯ 0.03   ③ 56.7 ⋯ 0.14
④ 4.2 ⋯ 0.31   ⑤ 9.7 ⋯ 0.43   ⑥ 7.1 ⋯ 0.07
⑦ 66.2 ⋯ 0.08   ⑧ 4.8 ⋯ 0.84   ⑨ 8.6 ⋯ 0.11

119~04
① 8.5 ⋯ 0.04   ② 32.5 ⋯ 0.02   ③ 9.9 ⋯ 0.17
④ 7.9 ⋯ 0.06   ⑤ 9.8 ⋯ 0.2   ⑥ 7.4 ⋯ 0.16
⑦ 8.1 ⋯ 0.13   ⑧ 8.7 ⋯ 0.61   ⑨ 6 ⋯ 0.08

119~05
① 7.2 ⋯ 0.11   ② 6.7 ⋯ 1.4   ③ 34.7 ⋯ 0.03
④ 6.4 ⋯ 0.44   ⑤ 5.8 ⋯ 0.21   ⑥ 7.6 ⋯ 0.18
⑦ 8.8 ⋯ 0.41   ⑧ 13.6 ⋯ 0.05   ⑨ 6.8 ⋯ 2.6

119~06
① 7.9 ⋯ 0.02   ② 7.3 ⋯ 0.17   ③ 39 ⋯ 0.04
④ 9.2 ⋯ 0.24   ⑤ 8.3 ⋯ 0.32   ⑥ 8 ⋯ 0.36
⑦ 5.7 ⋯ 0.08   ⑧ 13 ⋯ 0.04   ⑨ 6.3 ⋯ 0.1

119~07
① 33.4 ⋯ 0.02   ② 8.1 ⋯ 0.01   ③ 6.8 ⋯ 0.3
④ 17 ⋯ 0.26   ⑤ 6.7 ⋯ 0.25   ⑥ 8.9 ⋯ 0.85
⑦ 5.8 ⋯ 2.2   ⑧ 8 ⋯ 0.63   ⑨ 8.1 ⋯ 0.17

119~08
① 5.8 ⋯ 0.04   ② 6.4 ⋯ 0.32   ③ 9 ⋯ 0.82
④ 7.5 ⋯ 1.3   ⑤ 8.2 ⋯ 0.42   ⑥ 7 ⋯ 0.33
⑦ 4.8 ⋯ 0.9   ⑧ 33.8 ⋯ 0.04   ⑨ 14.1 ⋯ 0.18

119~09
① 15 ⋯ 0.13   ② 8.1 ⋯ 0.45   ③ 7.8 ⋯ 0.05
④ 12.8 ⋯ 0.12   ⑤ 8.7 ⋯ 0.02   ⑥ 8.2 ⋯ 0.58
⑦ 8.9 ⋯ 0.29   ⑧ 8.7 ⋯ 0.09   ⑨ 8.3 ⋯ 0.6

119~10
① 33.6 ⋯ 0.02   ② 11.1 ⋯ 0.11   ③ 7.2 ⋯ 0.03
④ 11.7 ⋯ 1   ⑤ 8.4 ⋯ 0.61   ⑥ 8.8 ⋯ 0.36
⑦ 6.8 ⋯ 0.24   ⑧ 6.5 ⋯ 0.3   ⑨ 9.3 ⋯ 0.53

120~01
① 10.74 ② 1.2 ③ 15.6 ④ 7.3
⑤ 4.8 ⑥ 3.92 ⑦ 12.54 ⑧ 64
⑨ 88.6 ⑩ 5.53

120~02
① 19 ② 19.48 ③ 18.7 ④ 30.2
⑤ 14.4 ⑥ 33.72 ⑦ 20.34 ⑧ 95.5
⑨ 9.6 ⑩ 26.25

120~03
① 15.78 ② 14.04 ③ 15.8 ④ 13.9
⑤ 5.9 ⑥ 83.16 ⑦ 39.27 ⑧ 43
⑨ 29.5 ⑩ 13.72

120~04
① 47.52 ② 7.16 ③ 43 ④ 11.9
⑤ 61.06 ⑥ 10.74 ⑦ 37.81 ⑧ 40.9
⑨ 6.62 ⑩ 52.5

120~05
① 33.39 ② 3.87 ③ 66.4 ④ 38.6
⑤ 40.5 ⑥ 43.29 ⑦ 19.32 ⑧ 20.95
⑨ 32.8 ⑩ 20.25

120~06
① 38.78 ② 37.44 ③ 24.1 ④ 10.4
⑤ 4 ⑥ 35.1 ⑦ 12.48 ⑧ 22
⑨ 40.59 ⑩ 65.6

120~07
① 13.96 ② 7.06 ③ 27.9 ④ 12.5
⑤ 1.3 ⑥ 7.68 ⑦ 14.22 ⑧ 23.3
⑨ 27.55 ⑩ 0.8

120~08
① 42.01 ② 14.25 ③ 23.3 ④ 3.7
⑤ 55.65 ⑥ 19.11 ⑦ 9.24 ⑧ 54.7
⑨ 62.8 ⑩ 8.88

120~09
① 25.69 ② 6.86 ③ 33.8 ④ 9.31
⑤ 3.9 ⑥ 35.52 ⑦ 25.23 ⑧ 62.8
⑨ 61.4 ⑩ 4.24

120~10
① 14.3 ② 30.06 ③ 27.3 ④ 3.75
⑤ 11.1 ⑥ 15.68 ⑦ 27.52 ⑧ 6.5
⑨ 32.3 ⑩ 48.36